Liebe Hundefreundinnen, liebe Hundefreunde,

in Hamburg leben immer mehr Hunde – seit 2012 hat sich ihre Zahl um etwa 40 Prozent erhöht. Und auch bei uns in der Redaktion gab es vierbeinigen Zuwachs: Weihnachten 2018 zog Scotty in die Familie eines Kollegen ein, eine Golden-Doodle-Dame, die die häusliche Ordnung in ihrem neuen Heim zuerstmal ganz schön durcheinandergebracht hat.
Zuvor mussten natürlich jede Menge Fragen geklärt werden. Passt ein Hund überhaupt in die Stadt? Wer wäre wann für das Gassi-Gehen zuständig? Wohin mit dem Hund im Urlaub? Irgendwann war dann aber klar: Scotty darf kommen! Inzwischen ist sie für das Familienleben eine riesige Bereicherung.
Scotty war für uns auch der Anlass, einmal zu schauen, wie so ein Hundeleben in Hamburg eigentlich aussieht. Daraus ist dieses Buch entstanden! Wir hoffen, dass Sie daraus für sich und Ihren Vierbeiner viele spannende Anregungen gewinnen und beim Lesen genauso viel Spaß haben wie wir beim Recherchieren und Aufschreiben.
Vielleicht haben Sie ja auch noch ein paar tolle Tipps – schicken Sie uns diese gern an hallo@hundinhamburg.de.

Herzlich,

Ihre Redaktion von HUND IN HAMBURG

Inhalt

ab Seite 12
präsentieren wir die schönsten Spots für tolle Gassi-Touren

ab Seite 154
stellen verschiedene Tierschutzorganisationen ihre Arbeit vor

ab Seite 118
wird's tierisch schön: jede Menge Beauty-Tipps für Hunde

ab Seite 42
schmeckt es Menschen und ihren Hunden

ab Seite 92
geht's um die Betreuung des Vierbeiners

Rücksicht und Verständnis

Regeln für ein netteres Miteinander

Freilaufende und tobende Hunde an der Alster, fremde Hunde, die beim Essen mit großen Augen auf fremde Teller schauen – Dinge, an denen Hundeliebhaber ihre Freude haben, können andere verärgern oder, im schlimmsten Fall, sogar ängstigen. Um Vorbehalte gegenüber Hunden und Ihren Haltern gar nicht erst aufkommen zu lassen, sollten sich Hundebesitzer unbedingt an gewisse Regeln des Zusammenlebens halten. Ein Knigge für Hunde und ihre Menschen kann dabei hilfreich sein

Leinenpflicht

Zur Leinenpflicht gibt es in Deutschland keine bundesweite Regelung. In manchen Regionen des Landes dürfen Hundehalter die Leine komplett zuhause lassen; in anderen dagegen müssen sie sich auf saftige Strafen einstellen, wenn sie gegen die Leinenpflicht verstoßen. In Hamburg besteht grundsätzlich eine Anleinpflicht für Hunde. Ausgenommen davon sind als Hundeauslaufzonen gekennzeichnete Flächen, doch auch hier sollte Rücksicht auf andere genommen werden. Niemand sollte sich von einem Hund belästigt fühlen: Sollte der Hund – sei es aus Freude oder weil er sich bedroht fühlt – an fremden Menschen hochspringen oder Joggern, Spaziergängern oder Radfahrern hinterherjagen, muss er angeleint werden. Besondere Vorsicht ist geboten, wenn sich Kinder in der Nähe befinden. Gerade auf sie können Hunde besonders bedrohlich wirken.

Kontakt zu anderen Hunden

Läuft der Hund frei herum, hat er bei angeleinten Hunden nichts zu suchen. Wann immer ihm ein angeleinter Hund entgegenkommt, sollte er zurückgerufen werden, da ein Kontakt jetzt unfair wäre.
Grundsätzlich ist gegen einen netten Hundekontakt nichts einzuwenden, wenn es die Situation zulässt. Auch wenn der eigene Hund sich vielleicht darüber freut, Kontakt aufzunehmen, so sollte mit dem Gegenüber doch erst einmal geklärt werden, ob das dort auch der Fall ist.
Nicht jede Hundebegegnung muss auch mit direktem Kontakt der Hunde einhergehen. Vielen Hunden hilft es bereits, wenn man die ersten Minuten noch gemeinsam an der Leine ohne Kontakt läuft und erst dann die Leinen abnimmt. So können sie sich schon vor dem Freilauf in Ruhe wahrnehmen und laufen nicht frontal aufeinander zu.
Nach Hundebegegnungen gerade in stark frequentierten Hundefreilaufgebieten sollte man dem Hund die Möglichkeit einer Verschnaufspause gönnen.

Spaziergang und Stadtbummel

Unterwegs in der Stadt? Dann dürfen Gassibeutel auf keinen Fall fehlen! Diese gibt es kostenlos in allen Budnikowsky-Filialen, in einigen Geschäften der Kette dm, auf allen Recyclinghöfen der Stadtreinigung sowie bei den Mitarbeitern der SRH-Gehwegreinigung.

Stichwort Mobiltelefon:
Während eine Spaziergangs sollten Handy und Headphones nach Möglichkeit nicht ständig in Gebrauch sein. Schließlich möchte man sich doch hauptsächlich auf den Hund konzentrieren!

In Restaurants und Cafés

Hunde sind echte Kumpel – als solche sind sie bei allem, was wir tun, gern dabei. Das gilt natürlich auch fürs Essengehen!
Hier gilt die einfache Regel: Solange kein Verbotsschild am Eingang hängt, sind Hunde im Restaurant auch erlaubt.
Im Zweifelsfall sollte dennoch besser nachgefragt werden: Liegt im Lokal zum Beispiel Ware offen aus, verbieten die Hygienerichtlinien es nämlich, einen Hund mitzunehmen.
Ist der erlaubt, sollten Hundebesitzer unbedingt darauf achten, dass sich niemand durch ihn belästigt fühlt. Er sollte deshalb immer nah bei bei seinem Menschen bleiben und nicht am Tisch gefüttert werden. Betteln bei fremden Gästen, am Kellner hochspringen oder Bellen und Jaulen sind natürlich absolute No-Gos.

Besuch bei Freunden

Zu Besuch bei Freunden? Dann sollte im Vorfeld unbedingt geklärt werden, ob auch der Hund willkommen ist. Bei grünem Licht ist es hilfreich, das Tier durch Bewegung vorher richtig auszupowern.
Neue Umgebungen sind spannend für Hundenasen: Nicht jeder Gastgeber mag es allerdings, wenn die Wohnung schnüffelnd von einem Vierbeiner inspiziert wird. Wer länger bleiben möchte, kann mit einer mitgebrachten Hundedecke für Entspannung sorgen.

In der Wohnung

Hunde in der Wohnung? Überall in Hamburg natürliche Realität. Sie sind allerdings so zu halten, dass sie andere Bewohner nicht stören. Natürlich kann es passieren, dass der Hund mal laut ist und bellt; zum Regelfall sollte das jedoch nicht werden. Stundenlanger Hundelärm führt bei den Nachbarn ganz sicher früher oder später zu Ärger. Wenn der Hund nicht allein bleiben will und sich dann lautstark bemerkbar macht, kann möglicherweise ein Hundetrainer helfen. Länger als fünf Stunden sollte das ohne hin nicht der Fall sein.

Wie Hunde in der Öffentlichkeit wahrgenommen werden, hängt vor allem davon ab, welche Grenzen Hundehalter ihren Tieren setzen

Im Büro

Hunde am Arbeitsplatz? In vielen Firmen und Büros sind Vierbeiner inzwischen erlaubt. Und das ist auch gut so: Denn Hunde beruhigen und eine kurze Streichelpause tut nicht nur Hunden, sondern auch Menschen gut. Bevor jedoch ein Hund mit zur Arbeit gebracht wird, sollte immer – auch wenn Hunde grundsätzlich erlaubt sind – eine Rundmail verfasst werden, in der abgefragt wird, ob jemand eine Hundehaarallergie oder ernsthafte Angst vor Hunden hat. Fühlt sich niemand durch die Mitnahme belästigt, muss nur noch dafür gesorgt werden, dass der Hund auch während der Arbeitszeit regelmäßig vor die Tür gehen kann. Am besten, der Halter nutzt seine Mittagspause für eine erfrischende Gassirunde.

Beim Tierarzt

Mit dem Hund zum Tierarzt? Das kann manchmal ganz schön stressig sein! Besonders wenn der Hund bereits negative Erfahrungen mit einem Arztbesuch gemacht hat, kann es passieren, dass er ängstlich ist und sich dann unruhig verhält. Ist der Hund sehr nervös, sollte er im Auto warten und erst dann hereingeholt werden, wenn er mit der Behandlung an der Reihe ist. So kann vermieden werden, dass sich seine Unruhe auf andere wartende Tiere überträgt. Bei kleinen Hunden kann auch eine Transportbox verwendet werden.

Im Urlaub

Wer in den Urlaub fährt, muss seinen Hund natürlich nicht allein zurücklassen: In vielen Hotels sind Hunde mittlerweile erlaubt. Auch hier gilt aber: Wenn der Hund Probleme mit dem Alleinsein hat und bellt, müssen Urlauber darauf achten, dass sich niemand durch ihn gestört fühlt. Damit die Ferien auch für andere Hotelgäste erholsam sind, sollte der Vierbeiner am Urlaubsort nicht zu lange allein bleiben und nur an Orte mitgenommen werden, an denen er auch ausdrücklich erlaubt ist. Am Strand zum Beispiel gibt es speziell für Hunde ausgewiesene Bereiche.

Unterwegs

Für Gassigänger, die gern in schönen Umgebungen unterwegs sind, hat Hamburg unendlich viel zu bieten. Lust, auch mal abseits bekannter Wege zu flanieren?

Ausflüge? Die machen wir natürlich zu viert …

Wenn Kathrin, Mathias und Fynn unterwegs sind, ist Zwergpudelmädchen Lou immer dabei. Eines ihrer Lieblingsziele sind die Alsterwiesen in Hamburgs Nordosten

Ganz klar: Das Wochenende ist für die Familie reserviert. Zu der gehört neben Mathias, Kathrin und ihrem Sohn Fynn natürlich auch das einjährige Zwergpudelmädchen Lou! Während der Woche wird das zierliche Kuschelwesen – sie war die Kleinste in ihrem Wurf – vier Stunden lang täglich von einer Hundesitterin betreut: Der Rest des Familienrudels muss schließlich arbeiten oder die Schulbank drücken. An freien Tagen geht es dann aber gemeinsam vor die Tür: Besonders schön eignet sich dafür der idyllische Alsterwanderweg.
Während die drei Zweibeiner auf ihren Drahteseln Strecke machen, zeigt Lou sich gern unabhängig und wetzt auf flinken Hundebeinchen nebenher. Irgendwann geht allerdings auch dem härtesten Schmusepudel die Puste aus – gut, dass im Fahrradkorb ausreichend Platz zum Verschnaufen ist!

„Für Lou ist ein Platz auf Kathrins Fahrrad reserviert. Meistens nutzt sie den aber nicht."

Mathias

Auf der Hundewiese angekommen, gibt es dann aber kein Halten mehr. Da wird gerannt, bis die Pfoten dampfen und getobt, dass die Locken fliegen – Lou hat Energie ohne Ende! Am liebsten spielt sie Ball, je länger, desto besser, oder tobt mit Fynn um die Bäume. Andere Hunde? Sind immer herzlich willkommen! An Selbstbewusstsein mangelt es der kleinen Hündin jedenfalls nicht: Auch größeren Vierbeinern gegenüber zeigt sie, dass sie im Herzen eigentlich eine stolze Löwin ist.
Müde und glücklich tritt die Familie dann abends den Heimweg an. Dort ist Kathrin Lous liebste Spielkameradin und Mathias für den letzten Gassi-Gang zuständig, bevor es für alle ins Körbchen geht. So enden erfüllte Familientage …

Unterwegs

Bloß nix verpassen! Unterwegs gibt es einfach zu viel zu sehen

Zwischendurch mal schmusen: So viel Zeit muss einfach sein! Mathias hat nichts dagegen

„Sie ist in einer Hundetagesstätte mit acht bis zehn Ridgebacks. Jetzt denkt sie, sie wäre auch einer von ihnen.“

Mathias

„Wenn Lou Kinder entdeckt, bellt sie mehrmals und möchte mit ihnen kommunizieren. Sie liebt Kinder."

Kathrin

Am liebsten von morgens bis abends: Vom Ballspielen kriegt Lou niemals genug

Unsere Tipps

Gassistadt Hamburg: Touren ohne Ende

PARKS

DONNERS PARK

Zwischen Ottensen und der Elbe liegt der Donners Park. Von hier aus lässt es sich wunderschön auf die Elbe gucken! So richtig gemütlich machen kann man es sich auf der großen Wiese zwischen Elbtreppe, Schopenhauerweg und Neumühlen: Während unten gemächlich kleine und große Schiffe vorbei tuckern, kann der Hund genüsslich Hafenluft schnuppern und sich nach Herzenslust im Gras wälzen.

Bus 36/111 bis Susettestraße

EICHTALPARK

Ein kleiner Spaziergang um den Eichtalteich und dann geht's ab auf die Hundewiese. Aufgepasst: Wenn es regnet, kann es hier sehr matschig werden! Für gefüllte Hundetüten sind genug Mülleimer vor Ort und Bänke zum Niederlassen stehen auch bereit.

Bus 116 bis Iversstraße, Hundewiese liegt an der Straße Bei der Hopfenkarre

HOHENBUCHENPARK

Grüner geht's kaum: Der Hohenbuchenpark entlang des Alsterwanderweges erinnert an einigen Stellen an einen Dschungel und bietet die perfekte Kulisse für lange Spaziergänge. Traumhafte Wege führen durch dichte Vegetation: Dass man sich mitten in Poppenbüttel befindet, kann man hier schon mal vergessen! Etwas lichter wird das Ganze im Zentrum des Parks – hier steht eine große Wiese zum Spielen und Entspannen zur Verfügung.

Bus 276 bis Maike-Harder-Weg

HUNDEAUSLAUF JACOBIPARK

Abenteuer pur! Keine große Wiese, dafür gibt es hier aber an jeder Ecke etwas Neues zu entdecken. Alle paar Meter steht ein Baum, Büsche gibt es überall und der Boden ist größtenteils aus Sand. Buddeln geht hier also super! Da alles umzäunt ist, können sich Herrchen und Frauchen entspannt auf eine der Bänke setzen. Mülleimer sind nicht vorhanden – man muss seinen Müll also wieder mitnehmen.

S1/S11 bis Hasselbrook, Parkeingang Friedenstraße

HUNDEAUSLAUF WALTER-MÖLLER-PARK

Für Herrchen und Frauchen ein Ort der Entspannung, für den Hund ein spannender Abenteuerspielplatz. Das liegt nicht zuletzt an verschiedenen Röhren, die hier auf dem Boden liegen und den Vierbeiner zum Durchlaufen einladen! Auf eventuellen Verkehr muss man auch nicht aufpassen – die Hundewiese ist komplett eingezäunt. Damit alles sauber bleibt, stehen ausreichend Mülleimer zur Verfügung. Wie schön, wenn das immer so wäre!

S1/S2/S3 bis Reeperbahn

HUNDEAUSLAUFGEBIET HEIMFELDER STRASSE – MEYERS PARK

Mitten im Wald ohne Leine toben, zwischen den Bäumen umherflitzen und über Baumstämme springen – im Heimfelder Holz ist das möglich! Das Auslaufgebiet ist ein wahres Paradies für Hunde. Parkplätze und Mülleimer sind eher nicht im Überfluss vorhanden – trotzdem lohnen auch längere Anfahrten. Für große und kleine Menschen gibt es eine Grillstelle und einen Kinderspielplatz.

Bus 543 bis Vahrenwinkelweg, Parkplatz am Kuhtrift

HUNDEAUSLAUFGEBIET HÖLTIGBAUM

Praktisch für Hunde, die nicht gut hören oder die gern mal ausbüxen: Das Auslaufgebiet ist komplett umzäunt. Es gibt eine große Wiese und ein kleines Wäldchen und überall darf wild getobt werden! Auch bei Regen lässt es sich hier gut aushalten: Ein Unterstand bewahrt vor dem Nasswerden. Zusätzlich laden Sitzgelegenheiten zum Ausruhen und Entspannen ein.

Bus 562 bis Eichwischen, Parkeingang Eichberg

HUNDEAUSLAUFZONE BAURSTRASSE

Sattes Grün, saftiges Gras – hier macht Hunden das Laufen richtig Spaß! Es gibt jede Menge Platz und die Fläche wird von Büschen gesäumt. Sind Frauchen oder Herrchen müde, können sie auf verschiedenen Parkbänken verschnaufen – auch Mülleimer sind in ausreichender Zahl vorhanden. An der Wiese vorbei führt ein schöner Wanderweg, der allerdings nur mit Leine erkundet werden darf.

S1/S11 bis Bahrenfeld, Zugang Sibeliusstraße

HUNDEWALD SANDER TANNEN

Hier, mitten in Lohbrügge, können Vierbeiner völlig unbeschwert durch die Bäume tollen und ganz viel Spaß haben. Wer mit dem Auto kommt, parkt direkt am Eingang der Hundewiese und schwärmt von dort in das große Gelände aus. Viele Sitzgelegenheiten gibt es an der Hundewiese nicht – Stehvermögen ist also gefragt. Auch ist ein waches Auge geboten: Die Wiese grenzt direkt an die viel befahrene Bergedorfer Straße und ist nicht durch einen Zaun abgetrennt.

Bus 232/534 bis Emilie-Günther-Weg, Zugang über Richard-Linde-Weg

HUNDEWIESE EPPENDORFER PARK

Mitten im Eppendorfer Park steht diese von Bäumen bewachsene Hundewiese, die durch dichtes Gebüsch von der Straße getrennt ist. Da geprüfte

Hunde im ganzen Park freilaufen dürfen, gibt es jede Menge Auslauf! Mülleimer und Bänke zum Ausruhen sind ebenfalls in ausreichender Zahl vorhanden. Entspannten Ausflügen steht also nichts im Wege!

Bus 20/25 bis UK Eppendorf, Zugang zum Beispiel über Martinistraße

HUNDEWIESE GERSONWEG

Keine größeren Straßen in Sicht: Es darf ganz entspannt getobt werden! Während Hunde hier allein oder mit Artgenossen ihren Spaß haben, können Herrchen und Frauchen auf einer der bereitstehenden Bänke entspannen. Für alle, die nicht allzu weit weg wohnen, lohnt sich der Weg in den Gersonweg auf jeden Fall.

Bus 222/321 bis BAB-Auffahrt Nettelnburg, Zugang z.B. über den Benselweg

HUNDEWIESE GOSSLERS PARK

Schnauze voll von Zigarettenkippen? Kein Problem: Sauberkeit wird hier großgeschrieben. Auch Sicherheit bietet diese Wiese, Gebüsche und Bäume grenzen die anliegenden Straßen ausreichend ab. Das Herrchen kann sich also entspannt auf eine der vielen Parkbänke setzen, von denen man einen guten Blick auf die Wiese hat.

S1 bis Blankenese, nordwestlich vom Goßlerhaus

HUNDEWIESE HAMMER PARK

Wer ein bisschen mehr Zeit hat, kann vom Jacobipark gemütlich zum Hammer Park schlendern. Hier ist eine kleine Freilaufwiese für Vierbeiner, auf der sie sich noch einmal ordentlich auspowern können. Der Zweibeiner muss dabei allerdings etwas Acht geben, da an beiden Seiten der Wiese eine nicht ganz unbefahrene Straße liegt. Sollten alle eine Stärkung brauchen, lockt direkt neben dem Park das Café May.

U2/U4 bis Hammer Kirche, Hundewiese liegt im Park Elisabethgehölz

HUNDEWIESE HANS-CHRISTIAN-ANDERSEN-PARK

Lust auf eine Herausforderung? Hier gibt es Röhren zum Durchlaufen und jede Menge große Steine für Übungen. Auch wenn diese Wiese etwas kleiner ausfällt, wird es Hund und Mensch bestimmt nicht langweilig. Kleiner Tipp: Gerne etwas zu Essen mitnehmen: Bänke mit Tischen laden zu einem Picknick ein.

Bus 37 bis Jochim-Sahling-Weg, Parkeingang Lübbersmeyerweg

HUNDEWIESE HEIDKAMPSREDDER

Klein, aber fein: Gespielt werden kann hier prima – zum richtigen Auslaufen reicht es nicht ganz. Trotzdem haben Hunde hier jede Menge Spaß, für Zweibeiner gibt es Parkbänke zum Ausruhen und Plaudern, für die idyllische Optik einen kleinen Teich. Auch Mülleimer sind in ausreichender Menge vorhanden. Wer in der Nähe wohnt, hat hier einen schönen Gassi-Anlaufplatz.

Bus 332 bis Kirschgarten, Zugang vom Heidkampsredder

HUNDEWIESE JENISCHPARK

Achtung: Schmutzgefahr! Auch wenn es nicht regnet, ist es hier oft feucht. Am besten ein paar Gummistiefel für Zweibeiner und ein Tuch für den Hund einpacken. Ansonsten bietet der Park eine große Fläche an Wiesen, Wald und Auslaufzonen. Herrchen und Frauchen müssen sich keine Sorgen machen, denn alles ist gut eingezäunt.

Bus 111 bis Holztwiete

HUNDEWIESE KELLINGHUSENPARK

Mitten in Eppendorf und ein perfekter kurzer Abstecher ins Grüne! Die Wiese liegt zentral, ist aber eingezäunt und sehr sauber, wenn auch nicht besonders groß. Für Herrchen und Frauchen stehen Bänke zum Ausruhen bereit, nebenan liegt der Kellinghusenpark mit seinem kleinen Teich. Ein hübsches Fleckchen!

U1/U3 Kellinghusenstraße, Parkeingang beim Holthusenbad/Goernestraße

HUNDEWIESE KIESBARG

Ein Hundeparadies im Süden Hamburgs. Die Wiese grenzt an die Fischbeker Heide und hat so einiges zu bieten: eine riesige Auslauffläche, hohes Gras, einen Sandplatz, Bäume und pure Natur. Es lohnt sich auch, für Zweibeiner hinzufahren, um sich vom Großstadttrubel zu entspannen. Im anliegenden Naturschutzgebiet ist Leinenpflicht angesagt. Trotz der wenigen Mülleimer vor Ort wird die Wiese von allen sauber gehalten. Hundehaufenalarm gibt es hier nicht!

Bus 240/251 bis Geutensweg, Eingang über Kiesbarg

HUNDEWIESE LOHMÜHLENPARK

Klein, aber fein – die Hundewiese im Lohmühlenpark ist eine grüne Oase zwischen St. Georg und Hohenfelde. Hier trifft man immer wieder nette Hunde mit ihren Menschen! Eine große Straße ist nicht in unmittelbarer Nähe, für Kinder gibt es einen Spielplatz und für Herrchen und Frauchen ausreichend Sitzgelegenheiten. So lässt es sich aushalten, beim Gassigehen und Toben!

U1 bis Lohmühlenstraße

HUNDEWIESE NIENDORFER GEHEGE

Hier kommt der Hund auf seine Kosten: So kann er nicht nur weitläufig toben, sondern sich auch im Wasser vergnügen und buddeln so viel er möchte. Wer Lust auf eine Erkundungstour durch den Wald hat, kann den Weg nehmen, der einmal um die große Wiese herumführt. Tolles Extra: In der Mitte der Hundewiese steht ein großer Baum, an dem ein kleiner Topf befestigt ist. Hier wird täglich frisches Wasser aufgefüllt, damit die Vierbeiner keinen Durst leiden müssen. Achtung: Das Niendorfer Gehege grenzt direkt an die Wiese. Hunde mit ausgeprägtem Jagdinstinkt brauchen ein wachsames Herrchen.

U2 bis Niendorf Markt

HUNDEWIESE PARKANLAGE CITY NORD

Ein Park in der City Nord – den gibt es tatsächlich! Er liegt zwischen hohen Häusern – eine Straße ist daher nicht in der Nähe. Es darf ausgelassen getobt werden! Bälle, Stöckchen und Frisbees sind hier gern gesehen: Spaß ist also vorprogrammiert. Wer möchte, kann von hier aus direkt in den Stadtpark spazieren. Auf dem Weg an den U-Bahngleisen entlang zur Hindenburgstraße sollten Mensch und Hund allerdings wachsam sein.

U1 bis Alsterdorf, Zugang z.B. über New-York-Ring

HUNDEWIESE STADTPARK

Hunde und Kinder dabei? Kein Problem! Hundewiese und Spielplatz liegen nicht weit voneinander entfernt. Bäume spenden an heißen Tagen Schatten. Bei Regen ist wetterfeste Kleidung angesagt, da es durch den Sandboden schmutzig werden kann. Sicherheit ist durch Zäune gegeben: Geprüfte Hunde dürfen im gesamten Stadtpark ohne Leine laufen.

U3 bis Borgweg, Eingang Grasweg Ecke Maria-Louisen-Straße

HUNDEWIESE WALDFRIEDEN

Weit im Süden Hamburgs liegt diese Hundewiese, die vor allem durch ihre Größe begeistert. Auch wenn viele andere Hunde hier sind, erkennt man sie häufig kaum, weil sie so weit weg sind! Es ist sauber und am Rand der Fläche stehen immer wieder Bänke. Auch Ballspielen funktioniert hier super – im angrenzenden Wald müssen die Vierbeiner jedoch wieder an die Leine. Zum Spazierengehen ist es dort trotzdem schön.

Bus 240 bis Waldfrieden, Zugang z.B. über Falkenbergsweg, Parkplätze vorhanden

LOHSEPARK

Der grüne Treffpunkt in der Hafencity. Es gibt zwar keine ausgewiesene Hundewiese – Hunde ohne Hundeführerschein müssen also angeleint werden – Schleppleinen werden aber toleriert. Keiner kommt sich in die Quere, denn Platz ist genug. In der Mittagspause tummeln sich hier viele Bürohunde, ein Spielpartner ist in dieser Zeit also garantiert. Wer dem Trubel aus dem Weg gehen möchte, erreicht über die Baakenhafen-Brücke eine weitere Wiese.

U4 bis HafenCity Universität

RAAKMOOR

Das Naturschutzgebiet ist ein toller Ort, um auf Entdeckungsreise zu gehen: Moorfrösche, Libellen und Schmetterlinge sind hier auf ganzen 18 Hektar zu Hause. Auch einer Kreuzotter kann man mit Glück begegnen. Für Hunde heißt es deshalb angeleint bleiben, um sich selbst und die Natur zu schützen.

U1 bis Langenhorn Nord, Zugang z.B. über Herzmoor

SACHSENWALD

Ein ausgedehnter Waldspaziergang vertreibt Kummer und Sorgen! Auf einer Fläche von 58 Quadratkilometern ist das im Sachsenwald möglich. Die Wanderwege sollten dabei allerdings nicht verlassen werden, da das Wild sonst gestört wird. Hunde bleiben also an der Leine: Im Gelände sind auch Dachse, Igel, Hasen, Eulen und Greifvögel unterwegs.

S21 bis Aumühle

STELLINGER SCHWEIZ

Unser Geheimtipp!

Wer nicht in der Nähe wohnt, kennt sie nicht: Die Stellinger Schweiz ist ein echter Geheimtipp. Man spaziert durch den Wald und an Hagenbecks Weiden vorbei – wer gut zu Fuß ist, läuft einfach weiter bis ins angrenzende Niendorfer Gehege. Mitten in der Stellinger Schweiz liegt eine Hundewiese mit einem Berg, durch den Park führt ein Bach. Mülleimer sind in ausreichender Menge vorhanden.

Bus 181 bis Hagenbeck (Nordeingang)

WALDPARK MARIENHÖHE

Durch Mischwälder und vorbei an Lichtungen und Teichen: Der Waldpark Marienhöhe bietet Natur pur. Hunde können sich hier auf mehreren Auslaufflächen nach Herzenslust austoben – Straßen gibt es in direkter Nähe nicht. Ein Teil des Gebietes ist für Hunde mit Hundeführerschein freigegeben. Zweibeiner sollten gut zu Fuß sein – viele Bänke sind nicht vor Ort.

S1 bis Hamburg-Sülldorf, Zugang z.B. über Sülldorfer Mühlenweg

WALDPARK STEINFURTH

Rund um Steinfurths Diek, ein künstlich aufgestauter See in Billstedt, liegt ein weitläufiger Park. Hier gibt es gleich zwei Hundewiesen! Obwohl die A1 ganz in der Nähe verläuft, ist es angenehm ruhig: Lärmschutzwände und dichtes Gebüsch schlucken den Lärm. Wasser für den Hund sollte mitgenommen werden – das Wasser im nahegelegenen Teich ist eher schmuddelig.

U2 bis Steinfurther Allee, Zugang z.B. über An der Glinder Au

WANDSBEKER GEHÖLZ

Auszeit – mehr braucht man zu diesem beruhigenden Ort nicht sagen. Bäume schotten Hund und Mensch wohltuend von der Stadt ab und beruhigen die gestresste Seele. Geprüfte Hunde dürfen sich doppelt freuen, denn sie dürfen im ganzen Bezirk Wandsbek getrost auf die Leine verzichten.

U1 bis Wandsbek Markt, Start Ecke Schloßstraße/Robert-Schumann Brücke bis Ecke Osterkamp/Oktaviostraße

WASSERMANNPARK

Wir befinden uns in der grünen Lunge Schnelsens – Anwohner lieben ihr lokales Naherholungsgebiet. Es gibt zwei Spielplätze, mehrere Regenrückhaltebecken und Teiche, Streuobstwiesen und eine schöne Hundeauslaufwiese (direkt neben einem Kindergarten, ohne Zaun dazwischen). Nach einer ausgiebigen Tobeeinheit kann von hier aus der Park erkundet werden: Nicht nur für den Hund, sondern auch für Herrchen und Frauchen ein Lustgewinn.

Bus 5 bis Burgwedel, Zugang z.B. über Grothwisch

WITTMOOR

Eine märchenhafte Kulisse wartet auf Hund und Herrchen im Wittmoor: Das Naturschutzgebiet beheimatet Moor, Weiden, Wälder und Heide. Wenn es länger geregnet hat, ist es nicht empfehlenswert hierher zu kommen – ansonsten verzaubert die Umgebung mit unberührter Natur und erholsamer Ruhe. Die Vierbeiner sollten hier an der Leine bleiben.

Bus 378/478/7550/7551 bis Glashütte, Siegfriedstraße

AM WASSER

BILLEWANDERWEG

Er führt am Billwerder Billdeich entlang: Zwischen “An der Bojewiese” und “Bojedamm” können Hunde mit Hundeführerschein ohne Leine laufen. Etwas später gibt's dann auch noch eine Hundewiese auf der dann alle Vierbeiner toben dürfen. Aber Vorsicht: Nicht überall ist der Wanderweg zur Straße abgegrenzt. Aufpassen ist also angesagt!

Bus 221 bis Auf der Bojewiese

EICHBAUMSEE

Ein echtes Badeparadies für Vierbeiner: Hunde haben am Eichbaumsee an der Dove-Elbe sogar eine eigene Badestelle. Hier darf nach Herzenslust geplanscht und getobt werden! Vor oder nach dem Bad lädt ein beschaulicher Sandweg, der rund um den See führt, zum ausgiebigen Spaziergang ein. Komfortable Bänke zum Pausieren und eine wunderschöne Aussicht auf See und Landschaft gibt es gratis dazu.

Bus 321 bis Eichbaumsee

FALKENSTEINER UFER

Der perfekte Hundestrand – am Falkensteiner Ufer findet man ihn. Kein Wunder, dass es am Wochenende hier ganz schön voll werden kann! Ein Kiosk und ein Café stellen sicher, dass bei Frauchen und Herrchen weder Hunger noch Durst aufkommen, während die Vierbeiner am Elbufer toben. Zieht ein

Schiff vorbei, gibt es gern mal größere Wellen – wer nicht nass werden möchte, sollte das Geschehen auf dem Wasser daher im Auge behalten.

Bus 286 bis Falkenstein, Parkplätze vorhanden, von hier ca. 1 km Fußweg durch den Wald

HUNDEAUSLAUF BURGUNDERWEG

Optimal geeignet für einen Tagesausflug mit der ganzen Familie. Nach ausgiebigem Toben auf dem großen Gelände können sich Hunde im naheliegenden Teich abkühlen, danach gibt es auf der Minigolfanlage noch Spaß und Herausforderung für die Zweibeiner (Hunde dürfen an der Leine mitgeführt werden). Als krönenden Abschluss können sich alle mit Kaffee und Eis verwöhnen lassen – für den Hund gibt's natürlich einen Napf voll Wasser.

Bus 191 bis Krähenweg, Parkplatz am Minigolfplatz

HUNDEWIESE ALSTERVORLAND

Wer gerne viel Trubel um sich hat, ist hier genau richtig! Eine riesige Grünfläche mit Blick aufs Wasser bietet dem Hund ausreichend Platz zum Toben. Nicht kontaktscheue Hundebesitzer finden garantiert schnell einen Gesprächspartner. Für Verpflegung sorgt das Team vom AlsterCliff, die auch auf dem anliegenden Steg bedienen. Wer etwas weiter weg wohnt, kann mit dem Auto direkt an der Wiese parken.

U1 bis Hallerstraße, Wiese liegt am Harvestehuder Weg Ecke Fährdamm

HUNDEWIESE ALSTERWIESEN/TEETZPARK

Wer einen Spaziergang im Alstertal genossen hat und einem kleinen Rundweg folgt, kann sich im Teetzpark niederlassen. Dieser begeistert mit zwei keinen Teichen, die von Bäumen umschlossen sind. Das „Café Alsterwiesen“ bietet Snacks für zwischendurch in Form von Suppen, Kuchen und Kaffee. Der Clou: Hierbei handelt es sich um ein umgebautes Toilettenhäuschen! Für die Vierbeiner ist auch gesorgt, denn es gibt es eine Hundeauslaufzone, auf der sie spielen und toben können.

U1 bis Klein Borstel, Parkeingang: Wellingsbüttler Landstraße

HUNDEWIESE ELBPARK ENTENWERDER

Auch wenn es keinen Strand gibt: Hier kommt echtes Elbfeeling auf! Auf großen, weitläufigen Grünflächen ist herrlich viel Platz zum Ballspielen und Toben. Straßen sind nicht in der Nähe – dafür jede Menge schöner alte Bäume. Obwohl mitten in der Stadt gelegen, ist der Elbpark Entenwerder ein beeindruckend idyllischer Ort! Gleich um die Ecke: die Elbinsel Kaltehofe. Ein Spaziergang auf dem dortigen Deich lässt Besucher die Großstadt dann endgültig vergessen.

Bus 3/120/124/130 bis Billhorner Deich

HUNDEWIESE FÄHRHAUSSTRASSE

Singles aufgepasst! Wer beim Gassi gehen nicht nur gern nach seinem Hund Ausschau hält, hat auch gute Chancen auf einen Flirt mit einem Zweibeiner! Sollte es regnen, schützt ein verglaster Pavillon vor Nässe und bietet einen tollen Blick auf die Alster. Eine ansprechende Gastronomie ist gut zu erreichen – verhungern muss hier keiner.

Bus 6/17 bis Zimmerstraße, Wiese liegt gegenüber dem islamischen Zentrum

HUNDEWIESE HUMMELSBÜTTELER KIRCHENWEG

Eine Hundewiese, wie sie sein soll! Keine Straße in der Nähe – dafür ein kleiner See, aus dem Vierbeiner einen kräftigen Schluck nehmen können, wenn sie vom vielen Toben durstig werden. Auch Ballspiele gehen hier problemlos: Danach können sich Frauchen und Herrchen auf einer der Parkbänke niederlassen. Der Gassibeutel muss nach der Spielstunde nicht mitgeschleppt werden – vor Ort gibt es genügend Mülleimer.

U1 bis Fuhlsbüttel Nord, Zugang z.B. über Ohkamp, Parkplätze vorhanden

HUNDEWIESE IM GRÜNEN ZENTRUM LOHBRÜGGE

Im Grünen Zentrum von Lohbrügge steht Hunden eine Wiese zur Verfügung, die zum Toben wie gemacht ist! Im Sommer darf im dort liegenden Teich sogar gebadet werden. Komfortabel: Es gibt ausreichend Parkbänke, auf denen man sich beim Zugucken sehr schön entspannen kann. Achtung: Bei Regenwetter die Gummistiefel nicht vergessen! Die Hundewiese kann nämlich ganz schön matschig werden.

Bus 12/332 bis Perelsstraße, Zugang z.B. über Korachstraße

HUNDEWIESE KUHMÜHLENTEICH

Nachts im Dunkeln noch schnell eine Runde drehen? Kein Problem. Laternen machen sicheres Spazierengehen hier auch nach Feierabend möglich. Wer tagsüber vorbeikommt, sollte auf den Vierbeiner Acht geben, denn an Wochenmarkttagen schauen neugierige Hunde gerne mal nebenan, ob es an den Ständen nicht irgendwas Leckeres gibt. Wer sich ausruhen möchte, kann auf einer der vielen Bänke oder im sauberen Gras Platz nehmen.

U3 bis Uhlandstraße, Wiese liegt Ecke Schürbeker Straße/Immenhof

HUNDEWIESE KUPFERTEICH

Hier gibt es so viel zu sehen: Hunde, Jogger, Reiter und viele andere teilen sich den wunderschönen Park am Kupferteich. Wer Kinder dabei hat, kann den naheliegenden Spielplatz besuchen. Eine große Wiese und ein anliegender Wald geben geprüften Hunden die Möglichkeit, ohne Leine die Gegend zu erkunden. Bänke und Mülleimer sind ausreichend vorhanden.

Bus 176 bis Poppenbütteler Berg, Zugang über Ohlendieksredder

HUNDEWIESE ÖJENDORFER PARK

Eine große Grünfläche umsäumt von Bäumen – Hundehalter behalten hier leicht den Überblick. Baden im Öjendorfer See ist leider nicht erlaubt, aber an der Leine lässt sich dieser super umrunden. Sollte der Zweibeiner Hunger bekommen, kann er sich an einer der beiden Kiosk mit Wurst oder heißer Schokolade versorgen. Im Sommer findet man den einen oder anderen Grillfreund auf der Wiese. Hat der Vierbeiner Glück, bekommt er vielleicht auch etwas ab ...

U2 bis Steinfurther Allee, Zugang z.B. über Driftredder, Parkplätze vorhanden

ISEBEKKANAL /KAIFU UFER

Wer von Eimsbüttel nach Eppendorf möchte, kann mit dem Hund einen Spaziergang entlang des Isebekkanals unternehmen. Neben dem Wasser ist ein breiter Sandweg, der Platz für Fahrradfahrer und Fußgänger bietet – ab und zu taucht auch eine Wiese oder ein Spielplatz auf. Wer Dienstags oder Freitags unterwegs ist, kann im Anschluss eine Runde auf dem Isemarkt drehen.

U3 bis Hoheluftbrücke oder U2 bis Christuskirche (anderes Ende)

RUND UM DEN BRAMFELDER SEE

Für geprüfte Hunde ist in Bramfeld auf allen Grünflächen und Erholungsanlagen der Leinenzwang aufgehoben. Nach bestandener Gehorsamsprüfung dürfen Hunde hier auf Wiesen und Wegen ohne Leine laufen! Der Bramfelder See ist für Hund, Frauchen und Herrchen daher der perfekte Spazierweg – und eignet sich außerdem gut zum Joggen. Kein Wunder, dass man in diesem wildwüchsigen Biotop die Stadt sofort vergisst!

Bus 177/270 bis Bramfelder See

GEMEINSAM AKTIV

BOBBY REICH

Bobby Reich ist eine Institution: Das Café Restaurant mit Bootsverleih am oberen Ende der Außenalster besticht durch seine traumhafte Lage. Segelboote, Ruderboote oder Kanus können hier stundenweise ausgeliehen werden – und der Hund darf mit! Allerdings muss er eine Schwimmweste tragen – man möchte schließlich auf Nummer Sicher gehen. Ein Besuch lohnt sich auf jeden Fall: Hier zeigt sich Hamburg von seiner schönsten und elegantesten Seite.

April bis Sept. Täglich ab 9.30-20 Uhr (bei schönem Wetter auch länger)
Fernsicht 2, 22301 Hamburg
U1 bis Klosterstern
040 487824
www.bobbyreich.de

BODOS BOOTSSTEG

Hamburg-Insider wissen es: Bodos Bootssteg gehört zu den schönsten Spots der Hansestadt. Vor allem an sonnigen Tagen ist hier richtig was los! Ob man ein kühles Getränk zum Kartoffelsalat genießen oder eines von Bodos Booten ausleihen möchte - für beides ist die Location auf dem Steg die richtige Adresse. Wer einmal hier war, kommt immer wieder – bei der Aussicht kein Wunder. Hunde sind auf den Ruder- und Tretbooten erlaubt.

ca. April bis Anfang Okt. Täglich ab 11 Uhr,
Harvestehuder Weg 1b, 20148 Hamburg
U1 bis Hallerstraße
040 440654
www.bodosbootssteg.de

BOOTSHAUS BERGEDORF

Auch auf der Bille ist gut paddeln – im "Bootshaus Bergedorf" stehen Kanus, Tretboote und Kajaks für unternehmungslustige Wassersportler bereit. Die schönste Strecke führt von hier zum Reinbeker Schloss und dauert etwa zweieinhalb Stunden - zurück geht es wegen der Strömung etwas schneller. Dabei fährt man durch traumhafte Natur. Wer Hunger hat, kann danach zum Beispiel im nahe gelegenen Italiener "Locanda Riva" eine leckere Pizza verdrücken. Hunde sind auf allen Booten erlaubt.

April bis Sept. Mo-Sa 13-19 Uhr, So 11–19 Uhr
Schillerufer 41, 21029 Hamburg
S2/S21 bis Bergedorf
040 41922906
www.bootshaus-bergedorf.com

BOOTSVERMIETUNG DORNHEIM

Essen, trinken, Boot fahren – hier geht alles! Und zwar auch mit Hund. Wer einen größeren Vierbeiner mit aufs Wasser nehmen möchte, sollte allerdings ein größeres Boot mieten – kleinere Fellnasen finden auch in kleineren Booten Platz. Im Weingarten können Wassersportler sich vor- oder hinterher stärken - auch hier dürfen brave Hunde dabei sein. Die Sonnenterrasse ist Gästen ohne tierische Begleitung vorbehalten.

April bis Mo-Sa 10-21 Uhr, So 9-21 Uhr
(bei schönem Wetter auch länger)
Kaemmererufer 25, 22303 Hamburg
U3 bis Saarlandstraße
040 2794184
www.bootsvermietung-dornheim.de

BOOTSVERMIETUNG TÖNS

Nicht ganz so populär wie die Außenalster, aber genauso reizvoll ist die Oberalster. Hier, in der "Bootsvermietung Töns" kann man mit einem

Tret- oder Ruderboot zu Wasser gehen und herrlich entspannte Touren unternehmen. Idealerweise folgt man dem Lauf des Gewässers nach Norden – da ist's besonders idyllisch. Nach dem Bootstrip lädt das Restaurant "Zur Ratsmühle" zu kleinen und größeren Gerichten und Getränken ein – bei schönem Wetter auch auf der hübsch gelegenen Terrasse. Hunde sind auf den Tretbooten erlaubt.

Mai bis Mitte Okt. Täglich 10-20 Uhr
Ratsmühlendamm 2, 22337 Hamburg
U1 bis Klein Borstel
040 599498
www.bootsvermietung-toens.de

HANSA STEG

Tretboote, Ruderboote, Kanus, SUP-Boards: Am Hansa Steg lässt sich so ziemlich alles mieten, was auf dem Alsterwasser fährt. Wer nicht genau Bescheid weiß, wie's funktioniert, bekommt eine kleine Einweisung. Besonders schön: die traumhafte Lage mit unmittelbarem Zugang zum Feenteich. Gemütlich in die Stadt schippern oder die Alsterkanäle erkunden – beides geht von hier aus gleich gut! Hunde sind auf allen Booten erlaubt.

April bis Sept. Di-Sa 13-20 Uhr, So 11-20 Uhr
Schöne Aussicht 20a, 22085 Hamburg
Bus 6/17 bis Averhoffstraße
040 22698657
www.hansa-steg.de

MARINA MARIENHOF

Idyllisch in Poppenbüttel gelegen ist die "Marina Marienhof" das perfekte Ausflugsziel, für alle, die gern auf oder am Wasser unterwegs sind. In der Gastronomie gibt es auf Wunsch und Vorbestellung fertig gepackte Picknickkörbe, verschiedene Wanderwege starten von hier aus in die grüne Natur. Im Verleih steht eine große Auswahl an Kajaks und Kanadiern bereit. Wer von hier den Alsterlauf entlang Richtung Stadt paddelt, fühlt sich wie auf dem Amazonas. Lohnenswert! Hunde sind auf allen Booten erlaubt.

April bis Sept. Mo-Fr 11-19 Uhr (Schulferien 10-20 Uhr), Sa-So 10-20 Uhr
Marienhof 4, 22339 Hamburg
Bus 24/174/176/179 bis Schulbergredder
040 6066677
www.marina-marienhof.de

PADDEL MEIER

Paddeltour mit Hund: Paddel Meier, traumhaft an der Goose-Elbe gelegen, ist der perfekte Ausgangspunkt dafür! Die Boote, die man hier mieten kann, bieten jede Menge Platz und ein hübsches Plätzchen für Vierbeiner von Dackel bis Bernhardiner. Hundebesitzer werden allerdings darum gebeten, die Boote nach einer Tour selbst von Hundehaaren zu befreien.

Mai bis Sept. Täglich 10-18 Uhr
Heinrich-Osterath-Straße 256, 21037 Hamburg
Bus 222 bis Heinrich-Osterath-Straße 241
040 7372270
www.paddel-meier.de

SUPPER CLUB

Der „Supper Club" ist vermutlich der glamouröseste Bootsverleih Hamburgs: Hier leiht man sich nicht nur Kajaks, SUP-Boards und Tretboote – hier trifft sich auch schickes Volk zum Essen und Trinken. Man sitzt an langen Tischen in der Sonne und schaut dem Treiben auf dem idyllischen Isebekkanal zu, der hier entweder Richtung Alster oder

Richtung Hoheluft befahren werden kann. Wer das Stehpaddeln erlernen möchte, kann im "Supper Club" auch Kurse buchen. Hunde sind auf allen Booten erlaubt, müssen aber auf dem Gelände und auf den Booten angeleint sein.

🕘 ca. April bis Sept. So-Do 10–23 Uhr, Fr-Sa 10-24 Uhr (Bootsverleih nur bis Sonnenuntergang)
📍 Isekai 13, 20249 Hamburg
🚌 U1/U3 bis Kellinghusenstraße
📞 040 473461
www.supperclub.de

WILLI VILLA

Willi Villa liegt in Wilhelmsburg und ist ein Bootsverleih und ein Café. Hunde sind hier herzlich willkommen – nach dem Paddeln muss das Boot dann vom Nutzer gereinigt werden. Im Café gibt's Leckeres für den kleinen Hunger: von hausgemachten Kuchen, heißen Waffeln und getoasteten Sandwiches bis hin zu leckeren selbstgemachten Pizzen. Ein Ausflugsziel, das allen Freude macht!

🕘 ca. Ende April bis Ende Sept. Mo-Sa ab 11.30 Uhr, So ab 10 Uhr
📍 Hauland 81, 21109 Hamburg, im Wilhelmsburger Inselpark
🚌 S3/S31 bis Wilhelmsburg
📞 0163 6793046
www.willivilla.de

Promenade in Hamburgs schönem Südosten

Katharina und Stephen gehen mit ihrer Bolonka Zwetna-Yorkie-Mischlingshündin Piusi gern am Zollenspieker Hauptdeich spazieren

Gleich vier Namen hat die kleine Hundedame, die sich in der Familie von Katharina, Stephen und ihren beiden Töchtern als fünftes Mitglied bezeichnen darf und die je nach Situation und Gelegenheit gebraucht werden: Piusi, Pischi, Motti und Pischmaus. Die Hündin wird hier so sehr geliebt, dass Katharina sie sogar scherzhaft als "dritte Tochter" bezeichnet. Für's Füttern und Gassigehen fühlen sich alle im Familienrudel verantwortlich, einschließlich Oma und Opa – auch wenn die letzte späte Gassirunde dann doch oft an Herrchen Stephen hängenbleibt. Piusi ist ein Schönwetterhund - Regen ist ihr ein Graus. Bei Sonne und Schnee hingegen liebt die Kleine es, mit ihren Menschen die Elbe entlang zu spazieren und dabei ausgiebig zu toben! Vor allem an den Wochenenden ist Zeit für ausgiebige gemeinsame

Unternehmungen – und die wird von der Familie auch gern und regelmäßig genutzt.
Neben der Elbe ist die Alster ein beliebtes Ziel und wird immer gern mal wieder angesteuert. Zuhause zurück freut sich Piusi über ein leckeres Abendessen. Als kleiner Spaßvogel liebt sie es, sich danach dann noch den einen oder anderen Haps vom Tisch ihrer Menschen zu klauen.

Neben gegrilltem Hähnchen hat das Familientier aber noch eine andere Leidenschaft: den Hund der Nachbarn, ihre große Liebe, die genauso aussieht wie sie selbst. Kaum steht die Haustür offen, läuft Piusi auf die Terrasse ihres Angebeteten und bittet quiekend um ein Rendezvous. Die beiden sind wie Romeo und Julia – nur eben auf acht, statt auf vier Beinen.

„Wir versuchen immer, Piusi mitzunehmen. Die Kinder lassen wir ja auch nicht allein zuhause …“

Katharina

Katharina und Stephen lieben es, am Wasser zu spazieren. Piusi ist immer dabei

Eine feste Bezugsperson hat Piusi nicht. Sie liebt Stephen und Katharina gleichermaßen

Events

Das sollten Hundefreunde nicht verpassen

23. Juni 2019

WORKSHOP: WELCHER HUND PASST FÜR WEN?

Wer darüber nachdenkt, sich einen Hund zuzulegen, hat in der Regel viele Fragen. Welpe oder erwachsenes Tier? Klein oder groß? Ein Hund vom Züchter oder aus dem Tierheim? Passt eine bestimmte Rasse in mein Leben? Ist das Tier dann erstmal eingezogen, möchte man noch mehr wissen. Interessierte erfahren auf dem Workshop des Hunderassenexperten und Trainers Gerd Leder alles, was künftige Hundebesitzer*innen wissen sollten. Toll zur Entscheidungsfindung!

10-17 Uhr
Hundeschule Hundsein
Schönmoor 15, 25358 Horst/Elmshorn
www.candog.de/veranstaltungen

28. Juli 2019

KRIMITOUR „BANKRAUB IN BLANKENESE“

Mit wem könnte man besser einen Kriminalfall lösen als mit dem eigenen Hund? Bei dieser Veranstaltung passiert genau das! Als Mitglied der „Spezialeinheit Spürnase“ gehen Hund und Herrchen oder Frauchen gemeinsam auf Verbrecherjagd. Um auf die richtige Fährte zu kommen, müssen Rätsel gelöst, Beweise gesammelt und Zeugen befragt werden. Natürlich muss auch der Vierbeiner knifflige Aufgaben lösen.

11 Uhr, Dauer ca. 3 Stunden
Forst Klövensteen, 22559 Hamburg
www.pudelskern.dog/outdoor-abenteuer

10.-11. August 2019

MEIN HUND LÜBECK

Sie ist DAS Event für alle Hundefreunde: die „Mein Hund Lübeck 2019“ präsentiert aktuelle Produkte, Dienstleistungen und Trends rund um unseren besten Freund. Ein spannendes Rahmenprogramm mit verschiedenen Highlights und kurzweiligen Vorführungen wie Hunderennen oder Dogdance machen das Angebot perfekt. Hingehen lohnt sich auf jeden Fall!

11-18 Uhr
Kulturwerft Gollan
Einsiedelstraße 6, 23554 Lübeck
www.meinhund-messe.de

31. August 2019

WILHELMSBURGER HUNDERENNEN FÜR JEDERHUND

Auf die Plätze, fertig, los – das Wilhelmsburger Hunderennen sollten sportliche Vierbeiner ab drei Monaten nicht verpassen! Dafür müssen die befellten Läufer einzeln eine Strecke von 50 Metern zurücklegen: Jeder Teilnehmer bekommt eine Urkunde und die Sieger seiner Klasse sogar einen Pokal. Doch damit nicht genug: Ein buntes und abwechslungsreiches Rahmenprogramm macht zusätzlich Freude. Hingehen und mitlaufen!

Hundesportverein PHV Kornweide e.V.
Kornweide 40, 21107 Hamburg
www.phv-kornweide.de/hunderennen

7.-8. September 2019

SOMMERFEST IM FRANZISKUSTIERHEIM

Was für Tiere gibt es im Franziskustierheim? Wie ist es organisiert? Wie läuft eine Vermittlung? Beim Sommerfest können sich Besucher ausführlich über dort lebende Tiere und Tierschutz informieren. Bei Führungen durch das Tierheim ermöglicht Tierheimleiter Frank Weber einen Blick hinter die Kulissen der Schnelsener Einrichtung.

14-18 Uhr
Lokstedter Grenzstraße 7, 22527 Hamburg
www.hundelobby.de/veranstaltungen

29. September 2019

HUNDEMESSE BAHRENFELD

Es ist wieder soweit: Die 3. Hamburger Hundemesse öffnet ihre Pforten im Volkswagen Nutzfahrzeug-Center in Altona! Wer exklusive Halsbänder, robuste Spielzeuge, ausgewogenes Futter oder wetterfeste Kleidung zum Gassigehen sucht, wird hier mit Sicherheit fündig. Darüber hinaus gibt es jede Menge Tipps von Trainern, Tierpsychologen und anderen Hundespezialisten. Auch für das leibliche Wohl ist gesorgt – auf einem Event dass weder Hunde noch ihre Besitzer versäumen sollten!

10-17 Uhr
Auto Wichert
Bornkampsweg 4, 22761 Hamburg
www.hundemesse-hamburg.de

3. Oktober 2019

JEDERHUND SPASSRENNEN

Der Name sagt alles: Hier geht es um Spaß! Um sich als vierbeinige Sportskanone zu präsentieren, muss der Hund gar nicht besonders trainiert sein. Das Rennen geht über eine Distanz von 80 Metern – gelaufen wird in zwei Durchgängen. Wie man es als Hundebesitzer schafft, den Hund möglichst schnell über die Strecke zu schicken, weiß jeder vermutlich selbst am besten.

ab 10 Uhr

📍 Windhundrennbahn Höltigbaum
Neuer Höltigbaum, 22143 Hamburg
www.hundelobby.de/veranstaltungen

30. November + 1. Dezember 2019

HAMBURGER HUNDEWEIHNACHTSMARKT

Ein Weihnachtsmarkt für Hunde? Nicht ganz – ihre Besitzer sind auch willkommen! Das vom Gewerbebund Alstertal und MOIN HUND geplante Event lädt auch dieses Jahr wieder zu vorweihnachtlichen Freuden rund um das Leben mit dem Vierbeiner ein – zahlreiche Aussteller werden vertreten sein. Natürlich fehlt auch ein großer Gastro-Bereich nicht: Für das leibliche Wohl ist also gesorgt. Ein schönes Ziel für einen Familienausflug mit tierischem Anhang.
10-21 Uhr
📍 Ratsmühlendamm 37, 22335 Hamburg
www.hamburger-hundeweihnachtsmarkt.jimdofree.com

14.-15. März 2020

MESSE4DOGS GUT BASTHORST

Zum dritten Mal findet die Hundemesse „messe-4dogs“ auf Gut Basthorst statt: Hier präsentieren jede Menge Aussteller ihre Produkte und Dienstleistungen rund um unsere Vierbeiner. Dabei darf probegeschnuppert und ausprobiert werden – Hund und Mensch kommen auf der “messe4dogs” gleichermaßen auf ihre Kosten.
Auch kompetente Hundetrainer und andere -erziehungsfachleute lassen Besucher an ihrem Wissen teilhaben – lehrreich! Zusätzlich stellen sich diverse Vereine vor und präsentieren Ihre Leistungen.
📍 Gut Basthorst
Auf dem Gut 3, 21493 Basthorst
www.messeninfo.de

Hinfahren lohnt sich!

Reisen mit Hund – so haben alle Freude

Der Berg ruft, der Strand lockt – höchste Zeit mal wieder für eine Auszeit fernab der eigenen vier Wände! Der Hund soll als Familienmitglied natürlich auch dabei sein. Doch wohin kann man mit dem Vierbeiner eigentlich fahren? Und welches Verkehrsmittel eignet sich am besten für die Reise?

Im Zug

Das Reisen mit dem Zug ist fast immer komfortabel – Hunde, die sich trauen, einzusteigen und die kein Problem damit haben, mit vielen Menschen auf engem Raum zu sein, sind hier gut aufgehoben. Am besten holt man vor der Abfahrt Erkundigungen ein, welche Auflagen (Maulkorb, Transportbox) und welche Preise für das Haustier gelten. Auch sollte man darauf achten, dass ausreichend große Umstiegspausen für Gassigänge vorhanden sind. Trinkwasser mitnehmen!

Im Auto

Die meisten Deutschen fahren mit dem Auto in den Urlaub - für Reisen mit Hund bietet sich das Familienmobil natürlich an. Nicht alle Tiere vertragen allerdings längere Autofahrten: Die Fahrtauglichkeit des Hundes testet man am besten durch mehrere Kurzstreckenfahrten vor der Reise.
Wichtig für Fahrten im Sommer: eine Klimaanlage. Anders als Menschen können Hunde sich nicht durch Schwitzen Kühlung verschaffen und sind so gegenüber hohen Temperaturen besonders empfindlich.
Ebenfalls im Fokus steht die Sicherung des Vierbeiners. In fast allen Ländern besteht eine Sicherheitspflicht für Hunde - das Tier muss also im Fahrzeug durch einen Gurt, ein Gitter, eine Box oder ein Netz geschützt sein. Auch sollte der Hund so viel Platz im Fahrzeug haben, dass er eine bequeme Lage einnehmen und sich nach Belieben drehen und wenden kann.
Alles richtig macht, wer ausreichend Wasser mitnimmt. Viele Autobahnraststätten bieten ausschließlich gechlortes Wasser an. Unbedingt in die Zeitplanung einzubeziehen sind Pausen, die etwa alle zwei bis drei Stunden eingelegt werden sollten. In diesen können sich alle zwei- und vierbeinigen Reisenden die Beine vertreten und kleine Gassigänge eingelegt werden.

Mit dem Schiff

Schiffsreisen werden von Hunden in der Regel gut vertragen - die meisten Tiere werden nicht seekrank. Nicht alle Schiffe erlauben allerdings Hunde an Bord - auf den meisten Kreuzfahrten sind Tiere nicht erwünscht. Anders ist die Situation auf Fähren. Ob der Hund mit an Deck darf oder während der Überfahrt im Auto bleiben muss, ist hier vom Betreiber abhängig. An Deck sollte er immer angeleint bleiben, für größere Hunde kann eine Maulkorbpflicht bestehen. Restaurants und Cafés sind hier aufgrund von Hygienevorschriften in der Regel tabu. Im Auto sollten Hundebesitzer darauf achten, dass genug Frischluft, Wasser und etwas Futter vorhanden ist. Wie genau die jeweiligen Vorgaben aussehen, sollte vor Reiseantritt erfragt oder auf der jeweiligen Website in Erfahrung gebracht werden.

Im Flugzeug

Längere Flugreisen mit Hund sind auch heute noch nicht unbedingt an der Tagesordnung. Auch wenn das Tier grundsätzlich mitgenommen werden kann, müssen doch verschiedene Vorgaben berücksichtigt werden, die wiederum bei den einzelnen Fluggesellschaften unterschiedlich ausfallen. Bei der Lufthansa zum Beispiel dürfen Hunde, die mehr als acht Kilo wiegen, nicht mit in die Kabine genommen werden und müssen im Frachtraum des Flugzeugs mitfliegen. In diesem Fall sollte schon bei der Buchung des Fluges an ein Ticket für den Hund gedacht werden.
Experten raten allerdings dazu, genau abzuwägen, ob der Flug für den Hund wirklich notwendig ist. Wie anstrengend das Fliegen für Tiere ist, sollte nicht unterschätzt werden. Für kürzere Urlaube sollte daher besser ein Ziel gewählt werden, das mit dem Auto oder dem Zug erreicht werden kann.

Was hilft bei Reisekrankheiten?

Beginnt der Hund bei einer Autofahrt im Gebirge zu hecheln und zu gähnen, macht ihm womöglich Ohrendruck zu schaffen. Etwas zum Schlucken oder zum Kauen hilft, das Problem zu beheben.
Unter Reiseübelkeit leidet immerhin jeder sechste Hund. Reisekranke Hunde zeigen sich häufig unruhig und speicheln – manche Tiere erbrechen sogar. Betroffene Hunde sollten vor Autofahrten nicht fressen – auf längeren Touren müssen ausreichend Pausen eingeplant werden.

„Wenn ich laufe, sind meine Hunde immer dabei.“
Melanie

Hunde und Sport – passt toll zusammen!

Das sagt die EXPERTIN

Melanie Knies-Wepler ist passionierte Läuferin und schreibt einen Hundeblog. Nebenbei macht sie eine Ausbildung zur Hundetrainerin

Melanie, du schreibst den Blog Mels Hundekram. Wie lange gibt es ihn schon und worum geht's genau?
Seit 2015. Es geht darin um mich und mein Leben mit meinen Labradoren Apple und Brooklyn und dem Havanesen Hudson – um unseren Alltag in der Stadt. Begonnen habe ich das Ganze, weil ich ursprünglich einen Online-Shop für Hundebedarf ins Leben rufen wollte und mir das Bloggen als gute Möglichkeit erschien, in der Hundeszene erstmal sichtbar zu werden. Schon während der Recherche zur Gründung des Shops wurde mir allerdings bewusst, dass mir als Online-Unternehmerin der persönliche Kontakt zu den Menschen fehlen würde. Deshalb machte ich einfach mit dem Blog weiter und begann eine Ausbildung zur Hundetrainerin.

Du läufst jeden Tag und bist überhaupt eine unheimlich aktive Person. Sind deine Hunde immer dabei?
Ja! Auch der kleine Hudson. Das funktioniert super! Manchmal nehme ich beim Laufen Brooklyn ins Geschirr – so trainieren wir für die Tough X Cross Läufe, einen Hindernislauf mit Hund, den ich hier in Hamburg auch mit organisiere.

Und was unternimmst du sonst so mit den dreien?
Wir machen dreimal wöchentlich Dummy-Training – einmal davon in der Gruppe. Dafür fahren wir meistens woanders hin, zum Beispiel zum Hundeauslaufgebiet Burgunderweg oder auch mal an den Lütjensee.

Ganz nebenbei machst du eine Ausbildung zur Hundetrainerin. Warum?
Ich lasse mich zur Hundetrainerin und Verhaltensberaterin ausbilden. Ich biete dann zum Beispiel eine Welpenschule und eine Junghundeschule an – und korrigiere Problemverhalten. Meine Abschlussprüfung ist im September. Danach stehe ich zwei- und vierbeinigen Kunden dann zur Verfügung.

Teller+Napf

In welchen Restaurants sind Hunde eigentlich richtig gern gesehen? Und wo gibt es besonderes Futter und tolle Leckerlis?

Jenny und Fritzi: Freunde fürs Leben

PR-Volontärin Jenny und ihre zweijährige Hündin Fritzi sind ein Top-Team: Am liebsten verbringen die beiden jede Minute gemeinsam

Süß ist sie, die kleine Fritzi! Seit Dezember 2017 lebt die schwarze Schnackel-Dame (Schnauzer+Dackel) bei Jenny und ihrer WG in der Schanze. Ursprünglich kommt sie aus einer Tötungsstation in Ungarn – fand dann über eine Tierschutzorganisation aber zu ihrem ganz großen Glück den Weg in eine Pflegefamilie nach Poppenbüttel. Dort traf sie auf Jenny, die sich spontan in die charmante Vierbeinerin verliebte.

Seitdem sind die beiden ein Herz und eine Seele.

Der morgendliche Weg zu Jennys Arbeitsplatz in einer PR-Agentur ist der erste gemeinsame Gassi-Gang des Tages. Mittags geht es auf die Alsterwiesen, die ganz in der Nähe liegen – und da ist richtig was los! Als neugierige Hündin interessiert sich Fritzi für alles, was sich bewegt: Große und kleine Menschen, Raben und Kaninchen, Blumen und Blätter und natürlich die unzähligen anderen Hunde, die wild an Hamburgs blauer Mitte herumflitzen. Neben dem Alsterumland zählt natürlich auch der Schanzenpark zu Fritzis bevorzugten Revieren: Hier im Viertel steht schließlich ihr Körbchen.

Zum Abendessen sind die beiden wieder zuhause. Was ihren Speiseplan betrifft, ist die Hündin eher anspruchsvoll: Neben getrockneten Hähnchenfilets zählt getrockneter Naturdarm, sogenannte Hundespaghetti, zu ihren Lieblingssnacks – sehr zum Leidwesen von Jenny. Das Ganze riecht nämlich nicht wirklich lecker.

Geht Jenny abends nochmal aus, ist Fritzi natürlich ebenfalls dabei. Findet der letzte Gassi-Gang damit erst am sehr späten Abend statt, kommt das beiden zugute: Dann kann am nächsten Morgen länger geschlummert werden …

„Mittags ist Alster angesagt. Wir lieben das bunte Leben dort!“

Jenny

„Das Alstervorland ist ein einziges Hundeparadies. Dass ich ganz in der Nähe arbeite, ist ein echter Glücksfall!"

Jenny

Immer nur rennen? Nö. Fritzi schaut zwischendurch auch gern einfach mal zu

Unsere Tipps

Schlemmen in vierbeiniger Begleitung

ALSTERCLIFF

Erst eine große Runde am Wasser drehen und den Hund auf der gegenüberliegenden Hundewiese ableinen, danach auf eine Stärkung ins „AlsterCliff". In diesem Restaurant an der Alster ist immer was los: Morgens gibt es hier herrliches Frühstück, mittags und abends stehen Pizza, Salate, hausgemachte Suppen und saisonale Gerichte zur Wahl. Hunde sind jederzeit willkommen und werden gleich nach dem Hereinkommen mit Wasser versorgt.

Mo-Fr 10-23 Uhr, Sa-So 9.30-23 Uhr
Fährdamm 13, 20148 Hamburg
Bus 15/109 bis Alsterchaussee
040 442719
www.alster-cliff.de

ALSTERPERLE

Das Alsterufer ist eines der beliebtesten Hundeauslaufgebiete in Hamburg – kein Wunder also, dass Vierbeiner in diesem Spot echte Ehrengäste sind. Während Herrchen und Frauen es sich bei Würstchen vom Grill, hausgemachter Suppe und einem Bier gut gehen lassen können, finden Hunde hier immer einen Artgenossen zum Spielen und werden mit freundlichen Blicken bedacht.

Mo-So 8-20 Uhr (je nach Wetter länger)
Eduard-Rhein-Ufer 1, 22087 Hamburg
Bus 6/17 bis Mundsburger Brücke
040 22748273
www.alsterperle.com

Alster geht immer!

BALDUCCI BARMBEK

Italienisch essen in gemütlicher Atmosphäre: Das Balducci in Barmbek erfreut mit Pasta-Gerichten, frischen Salaten und hausgemachter Pizza das Herz aller Fans der italienischen Küche. Für die Hundenase unter dem Tisch ist der köstliche Geruch sicher nur schwer zu ertragen; dafür werden die vierbeinigen Begleiter herzlich willkommen geheißen und mit Wasser versorgt.

Mo-So 11-23 Uhr
Massaquoipassage 1, 22305 Hamburg
S1/S11/U3 bis Barmbek
040 466665220
www.balducci-barmbek.de

BASIL & MARS

Très chic und freundlich – nein, das muss kein Widerspruch sein. Im Basil & Mars am Alsterufer sitzt man tagsüber mit gut angezogenen Businessleuten in gepflegter Lifestyle-Atmosphäre, während man französische Delikatessen von der Karte genießt. Abends laden Cocktails sowie kleine und größere Gerichte zum Genießen ein. Der Hund darf all dem gern beiwohnen.

Mo-Fr 12-24 Uhr, Sa 18-24 Uhr

Alsterufer 1, 20354 Hamburg
S11/S21/S31 bis Hamburg Dammtor
040 41353535
www.basilundmars.com

BE-GA FLEISCH

Pansen, Herz, Leber, Frikadellen: BE-GA FLEISCH in der Schanze ist ein Großhändler für hochwertige Tiernahrung, bei dem es alles gibt, wovon Hunde nachts im Körbchen träumen. Der Mindestbestellwert pro Auftrag beträgt 30 Euro, die Ware kann dann direkt am Folgetag abgeholt werden.

Abholung Mo-Fr 9-14 Uhr
Fleischgroßmarkt, Lagerstraße 17, 20357 Hamburg
S11/S21/S31/U3 bis Sternschanze
040 435283
www.bega-fleisch.de

CAFE ALSTERWIESEN

Ab ins Grüne – die Alsterwiesen in Wellingsbüttel laden bei jedem Wetter zu ausgiebigen Spazier- und Gassigängen ein. Nach so viel Bewegung tut eine Stärkung im Café Alsterwiesen gut: Hier gibt es Softdrinks, Heißgetränke, Pizza, Panini und vieles mehr zu fairen Preisen. Ein tolles Ausflugsziel für Zwei- und Vierbeiner!

Mo-So 10-18 Uhr (bei schönem Wetter bis 20 Uhr)
Wellingsbütteler Landstraße 75, 22337
U1 bis Klein Borstel
040 35566844
www.facebook.com/cafe.alsterwiesen

CAFE HANSASTEG

Direkt an der Alster gelegen ist das Café Hansasteg in der Nähe der Hundewiese am Fährdamm. Überkommt einen beim Gehen der kleine Hunger, findet man hier zum Beispiel köstlichen Kuchen, Kaffee und nicht zu vergessen, einen unvergleichlichen Blick auf die Alster. Unbedingt eine kleine Rast wert...

Mo-So 10-18 Uhr (je nach Wetter ab 12 Uhr, im Sommer auch länger)

Schöne Aussicht 20A, 22085 Hamburg
Bus 6/17 bis Averhoffstraße
040 2200030
www.cafehansasteg.de

CAFE PARIS

Ein kleines Stückchen Frankreich mitten in der Hamburger Innenstadt: Im Café Paris nahe des Hamburger Rathausmarktes fühlt man sich wie in der Seine-Metropole. Mittags findet man hier französische Klassiker wie Schnecken, Muscheln und Tartar auf der Karte. Am Wochenende kann man hier herrlich frühstücken. Hunde können sowohl mit in den geräumigen Speisesaal, als auch im Sommer draußen unter einem der kleinen Bistrotische liegen.

Mo-Fr 9-23.30 Uhr, Sa-So 9.30-23.30 Uhr
Rathausstraße 4, 20095 Hamburg
Bus 17/34/35/37 bis Rathausmarkt
040 32527777
www.cafeparis.net

CAFE REINHARDT

In dem gemütlichen Café an der Hundewiese im Poppenbütteler Hohenbuchenpark gibt es ein tolles Frühstück, köstlichen, hausgemachten Kuchen, verschiedenste herzhafte Speisen und eine große Tee- und Kaffeeauswahl. In den Wintermonaten lockt der behagliche Innenraum mit einem offenen Kamin. Perfekt, um hier nach einem langen Spaziergang im Park einzukehren!

Mo-Sa 6-19 Uhr, So 8-19 Uhr
Poppenbüttler Hauptstraße 37, 22399 Hamburg
Bus 276 bis Maike-Harder-Weg
040 6023704
www.cafe-reinhardt.de

CAFE SCHMIDT

Das Schmidtchen ist nicht nur bekannt für die weltbesten Franzbrötchen – auch unter Hundebesitzern ist das Café mit mittlerweile elf Standorten in und um Hamburg ein Geheimtipp. Hunde freuen sich besonders über einen Besuch im Café in der Großen Elbstraße. Hier kann man sich bei einem ausgiebigen Frühstück stärken, ehe es hinunter an den Elbstrand geht.

Mo-So 8-18 Uhr
Große Elbstraße 212, 22767 Hamburg
S1/S2/S3 bis Hamburg Königstraße
040 4130671013
www.schmidt-und-schmidtchen.de

CAFE SOMMERTERRASSEN

Tolle Lage, faire Preise und ein absolut freundlicher Service: Im Café Sommerterrassen im Hamburger Stadtpark gibt es nicht nur ein Top-Frühstück, köstliche Salate, Pasta-, Schnitzel- und Fischgerichte, sondern auch Kanus zum Verleih. Hunde sind sowohl im Café als auch auf den Kanus erlaubt.

Mo-So ab 10 Uhr, telefonisch erfragen
Südring 44, 22303 Hamburg
U3 bis Saarlandstraße
040 2706274
www.sommerterrassen-hamburg.de

CAFE STRAUSS

In dem gemütlichen Eimsbütteler Café gibt es ein leckeres Frühstück, Brunch, einen wechselnden Mittagstisch und – sehr ungewöhnlich - Straußenfleisch in allen Variationen. Mensch und Hund haben hier jeweils viel Platz zum Sitzen (und Liegen) und auch das freundliche Küchenteam geht entspannt mit seinen zwei- und vierbeinigen Gästen um. Beflügelnd.

Mo-Do 10-23 Uhr, Fr-Sa 10-24 Uhr, So 10-22 Uhr

Wiesenstraße 46, 20255 Hamburg
U2 bis Osterstraße
040 493131
www.cafe-strauss.de

DOS AMIGOS

Nachos, Enchiladas, Tacos, Steaks und Cocktails – das Dos Amigos mitten in Eimsbüttel bietet alles, was die mexikanische Küche ausmacht. Das kleine, gemütliche Restaurant besticht nicht nur durch sein leckeres und relativ günstiges Essen, sondern vor allem auch mit einem sehr herzlichen Team, bei dem Hunde immer gern gesehen sind. Empfehlenswert.

Mo-Do ab 18 Uhr, Fr-So ab 17 Uhr
Sillemstraße 74, 20257 Hamburg
Bus 4 bis Sartoriusstraße
040 40197284
www.dos-amigos-eimsbuettel.de

DÜBELSBRÜCKER KAJÜT

Ein Spaziergang an der Elbe und anschließend Fisch essen – mehr Hamburg geht nicht! Eine gemütlich maritime Atmospäre finden Menschen mit und ohne Hund in der Dübelsbrücker Kajüt in der Elbchaussee. In dem Lokal mit Blick auf Kräne, Container und vorbeifahrende Schiffe sind Hunde erlaubt; im Sommer kann man wunderschön draußen direkt am Elbufer sitzen und das Panorama auf sich wirken lassen.

Mo-So 12-23 Uhr
Elbchaussee 303, 22605 Hamburg
Bus 36/392 bis Teufelsbrück (Fähre)
040 828787
www.duebelsbruecker-kajuet.de

Ein echtes Original!

ELBGOLD

Der unvergleichlich gute Kaffee zieht regelmäßig ganze Scharen von Besuchern in alle sechs Filialen des ELBGOLDS: Der beste Platz für Hundebesitzer und ihre Vierbeiner ist das Café mit Rösterei in der Lagerstraße. Hier sitzt man szenig in moderner Einrichtung, während man unglaublich leckere Heißgetränke in allen Variationen genießen kann. Auch die Bagels und Franzbrötchen lohnen sich!

Mo-Fr 8-19 Uhr, Sa-So 9-19 Uhr
Lagerstraße 34c, 20357 Hamburg
S11/S21/S31/U3 bis Sternschanze
040 23517520
www.elbgold.com

ENTENWERDER 1

Was für ein tolles Gefühl: Das Café Entenwerder 1 schwimmt direkt auf dem Wasser der Norderelbe, sodass man sich als Besucher wie auf einem Boot fühlt. Essen kann man hier vor allem Snacks aus regionalen Zutaten wie Salate und Suppen, verschiedensten Kuchen und ein großartiges Frühstück. Bei gutem Wetter ist das Entenwerder 1 der ideale Ort, um entspannt die Seele baumeln zu lassen – egal, ob man nun auf zwei oder vier Beinen durchs Leben läuft.

Di-Sa 10-20 Uhr, So-Mo 10-19 Uhr
Entenwerder 1, 20539 Hamburg
Bus 3/130/602 bis Rothenburgsorter Marktplatz
040 70293588
www.facebook.com/entenwerder1

GAO KITCHEN

Einmal kurz nach Vietnam – und das ohne 15 Stunden im Flugzeug sitzen zu müssen: Das Gao Kitchen in St. Georg bietet mit seinen köstlichen, frischen Gerichten wie Pho, Buns und Salaten eine authentische, vietnamesische Küche. Der Restaurantbesuch kann wegen der zentralen Lage des Lokals gut mit einem Spaziergang um die Alster oder in den Lohmühlenpark verbunden werden.

Mo-So 11-22.30 Uhr
Lange Reihe 81, 20099 Hamburg
Bus 6/17 bis Gurlittstraße
040 30728029
www.facebook.com/gaokitchen

GUTSKÜCHE

In der Gutsküche, dem Restaurant des Guts Wulksfelde wird mit hochwertigen, saisonalen Zutaten gekocht. In dem freundlichen Bio-Restaurant sind auch Hunde sehr willkommen, sodass sich die Gutsküche als perfektes Ziel eines ausgiebigen Waldspaziergangs anbietet. Mit ein bisschen Glück bekommt die Hunde-Begleitung sogar einen Knochen.

Di-Sa 12-15 Uhr und 18-22 Uhr, So 11-16 Uhr
Wulksfelder Damm 15-17, 22889 Tangstedt
Bus 487 bis Gut Wulksfelde
040 64419441
www.gutskueche.de

HAMBURGER TIERTAFEL

Finden wir gut!

Tierhalter, die in eine finanzielle Notlage geraten, können sich an die Tiertafel wenden. Alle vierzehn Tage gibt der gemeinnützige Verein, der sich über Spenden finanziert, Essen für bedürftige Tiere aus. Eine Website informiert über alle Bedingungen und den nächsten Ausgabetermin.

Hegholt 85, 22179 Hamburg
Bus 26 bis Haldesdorfer Straße (Nord)
0176 93702357
www.tiertafelhamburg.de

HOBENKÖÖK

Das Restaurant wurde in einer alten Lagerhalle eingerichtet und ist bekannt für sein köstliches Bio-Essen. Leider sind hier drinnen keine Hunde erlaubt. Im Sommer spielt sich das Leben jedoch vor allem draußen auf der riesigen Holzterrasse ab. Hier dürfen Hunde ihre Halter begleiten. Zum Glück, denn die Lage bietet sich für einen anschließenden Spaziergang im angrenzenden Lohsepark an.

Mo-Sa 10-23 Uhr (Küche bis 21.30 Uhr)
Stockmeyerstraße 43, 20457 Hamburg
U4 bis HafenCity Universität
040 22865538
www.hobenkoeoek.de

HOPPE'S

Was gibt es im Sommer Schöneres, als an den Strand nach Övelgönne zu fahren, dem Hund ein paar Stöcke zuzuwerfen und das Gesicht in die

Sonne zu halten? Wie wäre es damit, anschließend noch in Hoppe's Restaurant zu gehen? Auf der großen Terrasse fühlen sich auch Hunde wohl, während ihre Menschen hanseatische Spezialitäten genießen und dabei auf die Elbe blicken.

Di-So 11.30-21 Uhr
Övelgönne 6, 22605 Hamburg
Bus 112 bis Neumühlen/Övelgönne (Fähre)
040 8800445
www.hoppes.hamburg

IMARA

Orientalisch schlemmen in chilliger Lounge-Atmosphäre – das geht auch, wenn der Hund dabei ist. Man speist spanisch-marokkanisch und lässt sich ganz entspannt auf 1001 Geschmackserlebnis ein. Im Sommer steht eine einladende Terrasse zum Genießen unter den Sternen bereit. Auch Cocktail-Fans sind im Imara richtig: Die Bar des Restaurants hat verschiedenste klassische Cocktails und Szene-Drinks im Programm.

Di-Do 18-1 Uhr, Fr 18-2, Sa 17-2, So 17-24 Uhr (Küche bis 23 Uhr)
Eppendorfer Weg 186, 20253 Hamburg
Bus 5 bis Eppendorfer Weg (Ost)
040 42918080
www.restaurant-imara.de

INNERLUCK

Überaus hundefreundlich und kulinarisch ansprechend ist das Innerluck in Stellingen. Das vegane Restaurant befindet sich in einer versteckten Squash-Halle und zieht mit seinem köstlichen Essen Freunde der fleischlosen Küche aus allen Stadtteilen an. Hier gibt es köstliche Bowls, Waffeln, Kuchen – und das alles ganz ohne Tierleid.

Mo-Fr 10-22 Uhr
Hagenbeckstraße 124A, 22527 Hamburg
U2 bis Hagenbecks Tierpark
040 52389377
www.innerluck.de

JAMES BARKERY

James ist eine Französische Bulldogge, die einen ganz besonderen Job hat: Für den liebevoll geführten Onlineshop ihrer Halterinnen Ina und Aline testet sie Hundekekse aus so feinen Zutaten wie Naturjoghurt, Thunfisch, Ei, Haferflocken und Kichererbsen. Nur das Beste für die Besten!

Bestellung über: www.jamesbarkery.de

JOOLS

Ein kinder- und hundefreundliches Restaurant, das auf saisonale Ware und ein nachhaltiges Konzept setzt, ist das Jools in Altona. Hier können Hund und Herrchen oder Frauchen nach einem langen Spaziergang an der Elbe oder im Donners Park einkehren und sich Kaffee, Kuchen und ein unvergleichlich köstliches Frühstück schmecken lassen. Natürlich stehen auf der Speisekarte auch jede Menge leckere warme Gerichte und Salate.

Di-Sa 10-22 Uhr, So 10-19 Uhr
Bernadottestraße 20, 22763 Hamburg
Bus 15 bis Fischers Allee
040 88128646
www.jools-hamburg.de

KARTOFFELKELLER

Hier geht's rund, auch mit Hund! Im Kartoffelkeller gibt es Kartoffeln, in wirklich ALLEN Variationen: Pellkartoffeln, Kartoffelpuffer, süße Knödel – und ja, auch als Kartoffelschnaps. Beim Essen und Trinken

sitzt man in einem urigen, alten Keller mit ganz außergewöhnlichem Flair. Hunde dürfen es sich im Restaurant unter den rustikalen Holzmöbeln gemütlich machen.
Do-Di 12-22 Uhr
Deichstraße 21, 20459 Hamburg
U3 bis Rödingsmarkt
040 365585
www.kartoffelkeller-hamburg.de

LANDHAUS HYGGE

„Hygge" ist skandinavisch und heißt so viel wie „gemütlich". Wenn man sich den einladenden Kamin, die charmante Einrichtung und den großen, einladenden Raum so anschaut, könnte wohl kein Name besser passen! Hunde sind genau wie ihre Herrchen und Frauchen herzlich willkommen und werden sofort mit Wasser bedient, damit sie es auch schön hygge haben.
Täglich 15-24 Uhr (Küche bis 22 Uhr)
Baron-Voght-Straße 179, 22607 Hamburg
Bus 37/238 bis Flottbeker Kirche
040 82274160
www.hygge-hamburg.de

LANDHAUS WALTER

Immer wieder schön, um jede Menge Freunde oder die ganze Familie (inklusive vierbeinige Mitglieder) um sich zu scharen oder auch nur einen Kaffee zu trinken, ist das Landhaus Walter im Stadtpark. Das Essen ist absolut köstlich, vor allem, wenn zur Spargelzeit aufgetischt wird. Im Sommer laden der Biergarten und die Sonnenterrasse zum fröhlichen Entspannen ein.
Mo-Sa 12-22 Uhr, So 10-20 Uhr (bis 12 Uhr Brunch)
Otto-Wels-Straße 2, 22303 Hamburg
Bus 179 bis Stadtpark (Planetarium)
040 275054
www.eventcenter-hamburg.de/landhaus-walter

LITERATURHAUSCAFE

Tolle Lage genau gegenüber der Alster und ein noch tolleres Frühstück, das hier die Namen berühmter Schriftsteller trägt: Das Literaturhauscafé ist der optimale Ort, um den großen Sonntagsspaziergang gemütlich und in eleganter Umgebung einzuläuten. Hunde sind in dem großen, barocken Saal erlaubt und werden freundlich begrüßt.
Di-So ab 9.30 Uhr
Schwanenwik 38, 22087 Hamburg
Bus 6/17 bis Averhoffstraße
040 2201300
www.literaturhauscafe.de

LÜHMANNS TEESTUBE

Der Elbstrand in Blankenese ist ein perfektes Tobeareal und damit eines der schönsten Ausflugziele für Vierbeiner. Und für Menschen? Da ist Lühmanns Teestube ein magischer Anziehungspunkt! Das charmante Café bietet fantastische Kuchen, Salate, Suppen, Pastagerichte und ausgesprochen köstliche Scones. Für Hunde gibt es einen erfrischenden Wassernapf gleich am Eingang.
Mo-Sa 9-20 Uhr, So 10-20 Uhr
Blankeneser Landstraße 29, 22587 Hamburg
S1/S11 bis Blankenese
040 863441
www.luehmanns-teestube.de

LÜTT FALKENSTEIN

Bei einem Spaziergang am Falkensteiner Ufer kommt man an einem Besuch in diesem Lokal nicht vorbei: In dem sympathischen kleinen Café an der Elbe können sich Spaziergänger und Radfahrer bei leckeren Snacks, Bier oder Kaffee stärken. Für Hunde stellen die freundlichen Mitarbeiter gern etwas Wasser bereit.

Mo-Fr ab 13 Uhr, Sa ab 11 Uhr, So ab 12 Uhr (bis Sonnenuntergang) bei Schietwetter ab 14 Uhr
Falkensteiner Ufer 54, 22587 Hamburg
Bus 286 bis Falkenstein
040 8663023
www.luettfalkenstein.de

MARAL

Wer Sushi mag und Hunde liebt, kommt in Hamburg um das Maral nicht herum. Drinnen ist es manchmal etwas eng, aber immer gemütlich - draußen kann an warmen Tagen und Abenden hinter dem Lokal unter großen Schirmen oder davor in der Sonne geschlemmt werden. Auf der Speisekarte gibt es immer wieder neue, außergewöhnliche Sushi-Kreationen.

Mo-So 12-23 Uhr (Mo-Fr Sushi Pause 15-17 Uhr)
Eppendorfer Baum 22, 20249 Hamburg
U3 bis Eppendorfer Baum
040 461699
www.restaurant-maral.de

MAREND

Fast so schön wie Skiurlaub ist das MAREND mit seinem rustikalen Hüttenchic. Es gibt Schnitzel, Knödel, Palatschinken und Co. - und das alles zum Umfallen lecker. Eine Sache hat das österreichische Restaurant in der Nähe von Planten un Blomen dem Urlaub in den Bergen sogar voraus: Hunde können ihre Besitzer hier problemlos begleiten.

Mo-Fr 12-22 Uhr, Sa 14-22 Uhr, So 17-21 Uhr
Feldstraße 29, 20357 Hamburg
U3 bis Feldstraße
040 36161545
www.marend.net

MARSBAR

Die Marsbar in Eppendorf ist nicht nur Anlaufstelle für Hamburger Prominente – auch Hunde fühlen sich hier rundum wohl. In dem kleinen Restaurant kann man durch die großen Fensterfronten das Geschehen auf der Straße beobachten, während man Avocado-Toast, Cesar's Salad oder andere leckere Gerichte genießt. Im Sommer sitzen Hund und Mensch am liebsten auf der großen Sonnenterrasse.

Mo-Fr ab 9 Uhr, Sa-So 10-18 Uhr
Straßenbahnring 2, 20251 Hamburg
Bus 5 U Hoheluftbrücke
040 46009950
www.marsbar.de

MAZZA POPPENBÜTTEL

Im MAZZA in Poppenbüttel fühlt man sich ein wenig an einen orientalischen Palast erinnert: An den Decken hängen Kronleuchter, auf den Tellern gibt es köstlichstes, syrisches Essen und Menschen wie auch Hunde werden hier charmant umsorgt. Mit seiner Lage direkt am Alsterlauf ist das MAZZA der perfekte Ausgangspunkt für einen anschließenden

Verdauungsspaziergang im Hohenbuchenpark.
Mo-Fr 18-23 Uhr, Sa-So 17-23 Uhr (Letzte Bestellung bis 21.30 Uhr)
Poppenbütteler Weg 236, 22399 Hamburg
Bus 178/276 bis Schulbergredder
040 60878240
www.mazza-hamburg.com

MIT HERZ UND ZUCKER

Zuckersüß ist dieses zauberhafte Café in Hohenfelde. Kaffeeliebhaber finden hier ein umfangreiches Angebot an Kaffeespezialitäten vor, dazu gibt es hausgemachten, köstlichen Kuchen und ein täglich wechselndes Mittagsgericht. Vierbeiner dürfen mit hinein und können sich während des Aufenthaltes schon auf anschließendes Toben am nahen Eilbekkanal freuen.
Di-Fr 8-17 Uhr, Sa-So 10-17 Uhr
Lübecker Straße 29, 22087 Hamburg
U3 bis Lübeckerstraße
0176 34645501
www.cafe-mitherzundzucker.de

MR. KEBAP

Unkompliziert und entspannt geht es im Mr. Kebap zu. In dem szenigen Dönerladen in der Schanze findet im Sommer das Leben direkt vor der Tür statt. Neben Döner gibt es hier auch Grillgerichte, Burger und vegetarische Alternativen zu essen. Hunde dürfen es sich jederzeit gern unter den kleinen Holztischen bequem machen.
Mo-Do 12-22 Uhr, Fr-Sa 12-23 Uhr, So 14-20 Uhr
Beim Grünen Jäger 1, 20359 Hamburg
Bus 17 bis Paulinenstraße
040 43280981
www.mrkebab.hamburg

MUTTERLAND

Regional, öko und fair: Die Cafés und Delikatessenläden von Mutterland haben sich dem Tier- und Naturschutz verschrieben. Die Milch im Kaffee stammt hier von Höfen aus der Region, der Kaffee stammt aus Hamburger Röstereien und die Zutaten in Suppen, Pasta- und Frühstücksgerichten kommen direkt vom Markt. Bei so viel Tierliebe wundert es nicht, dass auch Hunde gern gesehene Gäste sind.
Mo-Sa 8-21 Uhr, So 9-19 Uhr
Ernst-Merck-Straße 9-11, 20099 Hamburg
U-Bahn/S-Bahn/Bus bis Hauptbahnhof Nord
040 47113500
www.mutterland.de

NENI HAMBURG

Lust auf etwas Besonderes? Das Neni in der Hafencity bietet ostmediterrane Küche im unglaublich schönen, orientalisch angehauchten Ambiente. Auf der Karte stehen Köstlichkeiten wie Sakuska, koreanischer Hühnchensalat und libanesische Gerichte. Vierbeinige Begleiter sind in dem historischen Backsteingebäude erlaubt und freuen sich über einen anschließenden Spaziergang im Lohsepark.
Mo-Fr 6.30-23 Uhr, Sa-So 7-23 Uhr
Osakaallee 12, 20457 Hamburg
Bus 111 bis Osakaallee
040 555575442
www.nenihamburg.de

NEUMANNS

Für das entspannte St. Georg eher schick geht es im Neumanns in der Langen Reihe zu. Hier kann man sich nach einer abendlichen Alsterrunde ein Glas Wein zur Käseplatte oder köstlichen, ausgefallenen Salaten schmecken lassen. Ein echter Geheimtipp ist der Flammkuchen Elsässer Art – unbedingt probieren! Hunde sind sowohl drinnen als auch draußen erlaubt und jederzeit gern gesehen.
Mo-So Küche 12-23Uhr

Lange Reihe 101, 20099 Hamburg
Bus 6/17/37 bis AK St.Georg
040 60862209
www.neumanns-bistro.de

NORD COAST COFFEE ROASTERY

Unter Kaffeefans ist die NORD COAST ROASTERY schon lange kein Geheimtipp mehr – unter Hundebesitzern auch nicht. Die Rösterei, die für ihre leckeren Avocado-Toasts, Bowls und Waffeln bekannt ist, hat mittlerweile zwei Standorte. Im Café im Eppendorfer Baum gibt es sogar einen Roastery-Hund: Joe, der im Laden jederzeit angetroffen werden kann.

Mo-Fr 9-18 Uhr, Sa-So 10-18 Uhr
Eppendorfer Baum 20, 20149 Hamburg
U3 bis Eppendorfer Baum
040 32860636
www.nordcoast-coffee.de

Köstliches Sushi

ONO BY STEFFEN HENSSLER

Gegenüber des Isebekkanals, an dessen Ufern man herrlich durch Eppendorf spazieren kann, liegt das Ono. In dem asiatischen Designer-Restaurant gibt es das nach Meinung vieler Hamburger beste Sushi der Stadt. Doch nicht nur das: Hundebesitzer freuen sich über extrem hundefreundliches Personal. Für Vierbeiner wird hier immer Platz geschaffen.

Mo-Sa 12-15 Uhr, 17.30-22.30 Uhr
Lehmweg 17, 20251 Hamburg
U3 bis Hoheluftbrücke
040 88171842
www.onobysteffenhenssler.de

SCHWEINSKE AM STADTPARK

Das Schweinske gibt es gleich mehrfach in Hamburg, diese Filiale ist jedoch einmalig: Direkt gegenüber vom Stadtpark bietet das Restaurant den perfekten Ausgangs- und Zielpunkt für einen langen Spaziergang durch die grüne Lunge Hamburgs. Auf der Karte stehen ein umfangreiches Frühstücksangebot, Fleischspezialitäten, Salate und Pastagerichte.

Mo-Sa 8-22.30 Uhr, So 9-22.30 Uhr
Jahnring 21, 22297 Hamburg
Bus 20/26/179 bis Jahnring (Mitte)
040 55440590
www.schweinske.de

STOCK'S KAMINSTUBE

Tiroler Almhütte trifft Sushi: In STOCK'S Kaminstube am Hohenbuchenpark sitzt man im gemütlichen, stilvoll eingerichteten Reetdachhaus und kann sich regionale Fischgerichte und bestes Sushi schmecken lassen – auch mit Hundebegleitung. Im Sommer lockt dort auch eine Terrasse, von der aus man einen herrlichen Blick ins Grüne hat.

Di-Fr 12-15 Uhr, 18-23 Uhr, Sa-So 12-23 Uhr
An der Alsterschleife 3, 22399 Hamburg
Bus 276 bis Maike-Harder-Weg
040 6113620
www.stocks.de

SURFKITCHEN

Hang Loose in der HafenCity: Das Surfkitchen begeistert seine Gäste mit Burger, Pizzen und einer überwältigenden Lage direkt am Kanal. Der Surfer-Lifestyle wird hier großgeschrieben; man ist nett und entspannt zu allen Gästen und ihren Vierbeinern. Der ganz in der Nähe liegende Lohsepark bietet sich vor oder nach dem Essen zum ausgiebigen Toben an.

Mo-So 12-22 Uhr
Hongkongstraße 2-4, 20457 Hamburg
Bus 111 bis Osakaallee
040 32041258
www.surfkitchen.de

WALDCAFE CORELL

Mitten im Wald und trotzdem in der Stadt: Im Waldcafé Corell im Niendorfer Gehege finden Spaziergänger mit und ohne Hund den perfekten Ort für eine Pause sowie leckere deutsche Küche zu verhältnismäßig günstigen Preisen. Auf der saisonalen Karte gibt es Fleisch und Geflügel aus der Region. Der perfekte Ort für eine kleine Auszeit vom hektischen Alltag.

Di-So 11-22 Uhr
Niendorfer Gehege 50, 22453 Hamburg
Bus 181 bis Niendorfer Gehege
040 585378
www.waldcafe-corell.de

WAS WIR WIRKLICH LIEBEN

Acai-Bowls, Rührei von freilaufenden Hühnern, Obstsalat... In dem Café in Eppendorf gibt es allerbestes Frühstück und kleine Snacks – regional und in Bio-Qualität. Auch wenn es hier immer voll ist, finden Hunde immer noch irgendwo einen Platz unter der Bank und werden vom Team herzlich begrüßt. Kein Wunder, dass wir das wirklich lieben!

Täglich 9-17 Uhr
Hegestraße 28, 20251 Hamburg
U3 bis Eppendorfer Baum
040 48092777
waswirwirklichlieben.de

Rezepte für den Hundenapf

Liebe geht durch den Magen – das ist natürlich auch bei Hunden so. Wer seinem Hund etwas Gutes tun will, stellt sich deshalb ab und an mal in die Küche und bereitet dort leckeres und gesundes Hundefutter selbst zu

Ab und zu ein Leckerli ...

HAFERFLOCKEN BANANEN COOKIES

ZUTATEN FÜR 24 MINI-MUFFINS:
2 reife Bananen
120 g Haferflocken

ZUBEREITUNG:
Die Bananen mit einer Gabel in einer Schüssel zerdrücken.Danach die Haferflocken dazugeben und alles zu einem Teig verarbeiten. Zum Schluss aus dem Teig Kekse formen, die auf ein Backblech mit Backpapier gelegt werden.
Cookies bei 170 Grad Umluft ca. 15 Minuten backen.
Die Kekse sind fertig, wenn sie leicht braun sind.
Auf einem Gitter auskühlen lassen, bevor der Hund sie vernascht.
Fertig sind die einfachsten Kekse der Welt!

EIERSALAT MIT PUTE

ZUTATEN:
2 Eier
1 Möhre
1 frische Rote Bete
1 Bund Rucola
1 EL BARF Öl
400 g Putenfleisch

ZUBEREITUNG:
Die Eier hart kochen und in kleine Stücke schneiden. Möhre und Rucola waschen, Rote Bete schälen. Alles klein schneiden und mit einem Mixer fein pürieren. Das Putenfleisch in kleine Würfel schneiden. Danach alle Zutaten miteinander vermengen und dem Vierbeiner servieren!

HERRCHEN KOCHT

Diese Rezepte stammen aus dem Blog „Herrchen kocht"*. Lisa und Elena, zwei Schwestern aus Köln, besitzen die Labrador-Hündinnen Kira und Nilla und schreiben hier über jede Menge kreative DIY-Ideen und Tipps für Hundehalter

* Herrchen kocht übernimmt keinerlei Haftung dafür, dass die Portionierung von Nahrungsmitteln dem Gewicht, der Größe oder dem Gesundheitszustand des Hundes gerecht wird. Bei den Angaben handelt es sich lediglich um allgemeine Werte, die möglicherweise nicht allen Hunden entsprechen.

WINTER WONDER FOOD

ZUTATEN:
500 g Rinderhackfleisch
1 Brokkoli
1 Birne
1 TL Öl
eine Handvoll Rucola
etwas frische Petersilie zum Garnieren

ZUBEREITUNG:
Das Hackfleisch in einer Pfanne mit etwas Wasser anbraten, bis es komplett durchgegart ist. In der Zwischenzeit den Brokkoli in kleine Stücke schneiden und in einem Topf mit Wasser für ca. 5-10 Minuten weich kochen lassen.
Den Feldsalat und die Birne gründlich mit Wasser abwaschen und beides kleinschneiden. Wenn der Brokkoli fertig ist, das Wasser abgießen und die Birne, den Feldsalat und das Öl hinzufügen. Alles zusammen zu einem Brei pürieren.
Zum Schluss das Fleisch mit dem Gemüse und der Petersilie im Napf garnieren. Fertig!

Grünes Gemüse stärkt im Winter das Immunsystem und hält den Hund fit und gesund

CREMIGES BANANENEIS

ZUTATEN:
1 Banane
150 g griechischer Joghurt
2 EL Erdnussbutter
8-10 Hundekekse

ZUBEREITUNG:
Die Banane klein schneiden und mit allen Zutaten in eine Schüssel geben und pürieren. Die cremige Masse in kleine Plastikbecher (2cl) füllen. Dabei ein bisschen Platz lassen, sodass noch ein Hundekeks oben hineingesteckt werden kann. Die Plastikbecher für etwa zwei Stunden ins Tiefkühlfach stellen und gefrieren lassen.
Fertig ist die sommerliche Abkühlung für den Hund!

CUPCAKES FÜR DEN HUNDEGEBURTSTAG

ZUTATEN:
90 g Mehl
1 TL Backpulver
190 g Buttergemüse mit Süßkartoffelpüree von HIPP
50 g Erdnussbutter
2 Eier
1 EL Leinsamen
1 EL Bio Kokosöl
80 g Frischkäse
3 EL Erdnussbutter

ZUBEREITUNG:
Für den Teig das Mehl und das Backpulver vermischen. In einer separaten Schüssel das Püree, die Erdnussbutter, die Eier, Leinsamen und Kokosöl vermengen. Anschließend auch die Mehl- und Backpulvermischung hinzufügen und alle Zutaten zu einem geschmeidigen Teig kneten. Den Backofen auf 180°C vorheizen. Muffinförmchen mit dem Teig befüllen und etwa 25 Minuten im Ofen backen. Für den Guss inzwischen den Frischkäse und die Erdnussbutter miteinander verrühren. Die abgekühlten Muffins mit dem Guss bestreichen und als Topping einen Hundekeks auf jedem Muffin platzieren. HAPPY BIRTHDAY WUFF!

Was darf mein Hund nicht fressen?

Wenn es nach dem Hund ginge, würde er am liebsten alles fressen – inklusive der Portion Spaghetti auf Frauchens Teller und der Tiramisu zum Nachtisch. Aber Vorsicht: Nicht alles, was dem Menschen schmeckt, bekommt auch dem Hundemagen. Vieles könnte dem Tier sogar ernsthaften Schaden zufügen

Avocado
Avocados enthalten viel Fett – empfindlichen Hundemägen kann dieses durchaus zu schaffen machen. Außerdem steckt Persin in der Frucht, ein Giftstoff, der bei Hunden zu Verdauungsproblemen, Herzmuskelschäden, Atemnot und Unruhe führen kann.

Bärlauch, Schnittlauch, Zwiebeln und Knoblauch
Zwiebelgewächse enthalten für Hunde schädliche Schwefelverbindungen. Durch den Verzehr werden rote Blutkörperchen angegriffen und zerstört, was zu einer Anämie führen kann. Aus diesem Grund sollten auch handelsübliche Produkte zur Bekämpfung von Parasiten auf Knoblauch-Basis nicht verwendet werden.

Fruchtkerne / Steinobst
Fruchtkerne enthalten Amygdalin, das die Zellatmung blockiert und deshalb lebensbedrohlich für Hunde ist. Besondere Vorsicht ist zudem bei Früchten mit scharfkantigen Kernen wie Aprikosen, Pfirsichen und Pflaumen geboten. Diese können die Darmschleimhaut schädigen und zu einem Darmverschluss führen.

Geflügel
Geflügelfleisch kann Salmonellen enthalten und sollte deshalb immer gut durchgegart werden, ehe es an Hunde verfüttert wird.

Leber
Kleine Mengen an Leber sind für Hunde unbedenklich und können eine wichtige Vitamin A-Quelle darstellen. Anders sieht es dagegen aus, wenn zu große Mengen Leber oder Lebertran gefüttert werden. Diese können Hautprobleme und Fellverlust verursachen.

Milch und Sahne
Wie wir Menschen leiden auch viele Hunde an einer Laktoseintoleranz. Besonders erwachsene Hunde, die weniger Laktase zur Spaltung der Milch produzieren, vertragen oft keine Milchprodukte und haben nach dem Verzehr mit Verdauungsproblemen zu kämpfen. 20 ml pro Kilo Körpergewicht sind jedoch unbedenklich.

Knochen
Nicht alle Knochen sind unbedenklich für Hunde. Röhrenknochen wie solche von Huhn und

Wild sowie gekochte und gebratene Knochen können splittern und den Hund so von innen verletzen. Auch Verstopfungen können nach dem Verzehr von Knochen auftreten.

Koffein
Koffein in Kaffee und anderen Getränken ist für Hunde absolut tabu. Das Nervengift kann von Hunden nicht verstoffwechselt werden, weshalb Koffein lange Zeit im Blut der Hunde bleibt und Probleme wie Herzrhythmusstörungen und Nierenschäden nach sich zieht.

Nachtschattengewächse
Nachtschattengewächse wie Kartoffeln, Auberginen, Tomaten und Paprika enthalten im rohen Zustand den Giftstoff Solanin und sollten deshalb immer gekocht werden.

Nüsse
Nüsse sind für den Hundemagen meist zu fett und können zudem Blausäure enthalten. Dies gilt für Mandeln, Macadamia-Nüsse, Muskatnuss und Cashew-Kerne.

Pilze
Pilze sind grundsätzlich ungeeignet. Auch Sorten, die für den Menschen unbedenklich sind, können bei Hunden Verdauungsproblemen verursachen.

Rohe Hühnereier
Gekochte Eier sind für Hunde eine gesunde Nahrungsquelle. Rohe Hühnereier dagegen sind für Hunde tabu; das im Eiklar enthaltene Avidin und Trypsininhibitoren behindern die Verdauung und können zu Fehlversorgungen führen.

Rohe Hülsenfrüchte
Hülsenfrüchte wie Linsen, Bohnen, Kichererbsen und Sojaprodukte enthalten im ungekochten Zustand Stoffe, die die Eiweißverdauung hemmen. Sie zersetzen sich, wenn sie gekocht werden und sind dann unbedenklich.

Rohes Schweinefleisch
Rohes Schweinefleisch kann ein Virus enthalten, das eine tödliche Erkrankung des Nervensystems auslösen kann. Auch Bakterien können sich im Fleisch finden und zu Verdauungsschwierigkeiten führen. Im gekochten Zustand ist Schweinefleisch dagegen unbedenklich.

Schokolade
Schokolade sollten Hunde meiden: Im Kakao steckt nämlich Theobromin, das Hunde nicht aufspalten und verwerten können. Die Folgen sind Verdauungsprobleme, Kreislaufbeschwerden und Zittern. Ab einer Dosis von 100 bis 300 mg/Kilo kann Theobromin für Hunde sogar tödlich sein.

Speck
Auf die Fütterung von sehr fetthaltigem Fleisch, Speck und Geflügelhaut sollte verzichtet werden. Folgen des Verzehrs können Stoffwechselerkrankungen, Nieren- und Bauchspeicheldrüsenschäden sein.

Weintrauben und Rosinen
Weintrauben und Rosinen sind für Hunde regelrecht giftig. Sie reagieren mit Erbrechen, Durchfall und Magenkrämpfen. Eine hohe Dosis kann sogar tödlich sein.

„Schadstoffe und nicht artgerechtes Futter können beim Hund Allergien auslösen."

Britt Bachmayer-Ernst

Das sagt die EXPERTIN

Kranken Hunden natürlich helfen

Klassische Schulmedizin ist auch bei Hunden nicht immer der einzige Weg. Tierheilpraktikerin Britt Bachmayer-Ernst behandelt ihre Patienten mit Naturheilkunde

Was machen Tierheilpraktiker anders als Tierärzte?
Tierheilpraktiker suchen nach der Ursache und bringen das Tier wieder ins Gleichgewicht. Und – wir behandeln mit naturheilkundlichen Verfahren wie der Homöopathie, der Phytotherapie, Bachblüten, Blutegeln etc.

Mit was für Problemen kommen Hundebesitzer besonders häufig?
Ich würde es mal als Zivilisationskrankheiten bezeichnen. Also chronische Magen-Darm-Erkrankungen, chronische Hautleiden und andere chronische Erkrankungen, bei denen klassische Medizin einfach nicht weiterkommt.

Immer mehr Hunde leiden an Allergien. Wie zeigen sie sich und woran liegt das?
Allergien zeigen sich zum Beispiel in Durchfällen, Ohrenentzündungen, entzündeten Augen, Hautausschlägen oder Hautjucken. Oder der Hund hat Asthma oder dauerhaften Schnupfen und niest ständig. Ursache für eine Allergie sind häufig nicht artgerechtes Futter sowie Schadstoffe, die sich im Laufe von vielen Wochen im Körper des Tieres angesammelt haben. Irgendwann hat dieser einfach genug und zeigt Symptome.

Gibt es Therapiemöglichkeiten und Heilungschancen?
Ja. Zuerst muss die Ursache ermittelt werden – ich arbeite dafür mit einem Bioresonanzgerät. Danach erfolgt die Entgiftung. Dafür stellen wir die Ernährung um auf ein individuell richtiges Futter: Häufig zeigt sich schon wenige Wochen danach eine deutliche Besserung bis hin zum völligen Verschwinden der Symptome.

Stichwort Ernährung. Was

gehört in den Hundenapf und was nicht?
In den Napf gehören artgerechte Fleischsorten wie Ente, Gans, Reh, Kaninchen, Fasan, Hirsch, Schaf – also Tiere, die der Urahne des Hundes, der Wolf, in der Natur fressen würde. Zu einer artgerechten Ernährung gehört allerdings immer auch ein wenig Gemüse und etwas Öl: Frisst der Wolf in der Natur ein Tier, hat dieses vorher schließlich auch Gras oder andere pflanzliche Nahrung aufgenommen.

Wie häufig sollte gefüttert werden?
Ich persönlich finde zweimal tägliches Füttern gut, weil dann die Magensäure am besten abgebaut wird. Man kann aber auch nur einmal, oder wie bei Welpen dreimal täglich füttern.

Wann ist ein Hund zu dick? Und worauf sollte man dann achten?
Ein Hund ist zu dick, wenn man die Rippen nicht mehr ertasten kann. In diesem Fall sollte man das Futter reduzieren, artgerecht füttern und darauf achten, dass das Futter kein Getreide enthält. Kohlenhydrate lassen nämlich auch Hunde zunehmen!

Und wieviel Wasser braucht der Hund?
Das ist abhängig von der Körpergröße, der Rasse, der Auslastung und der Art des Futters, das der Hund bekommt. Hunde, die mit Trockenfutter gefüttert werden, trinken mehr Wasser als solche, die Feuchtfutter bekommen und so schon Feuchtigkeit mit der Nahrung aufnehmen.

„Leckerlis? Aber klar. Wir brauchen doch alle mal eine Belohnung."

Britt Bachmayer-Ernst

Ein Leckerli zur Belohnung – ist das ok?
Unbedingt. Jeder braucht doch mal eine Belohnung! Man sollte es nur nicht übertreiben.

Wie kann man denn seinem Hund sonst noch was Gutes tun?
Ganz wichtig ist, den Hund nach seiner Rasse, seiner Persönlichkeit und seiner Passion auszulasten. Also zu schauen, was der Hund benötigt, um körperlich und geistig gefordert zu sein und diesem Bedürfnis dann gerecht zu werden. So brauchen Jagdhunde zum Beispiel sehr viel Bewegung und Hütehunde Aufgaben, die ihrem Wesen entsprechen – diese sollten sie auch bekommen.

Gesundheit

Hundebesitzer können so einiges tun, damit ihr Vierbeiner gesund und fröhlich bleibt. Ist der Hund dennoch einmal krank, gibt es in Hamburg zum Glück jede Menge Hilfe

Dackel Jops ist Leckerli-Fan

Seine 13 Jahre merkt man ihm nicht an: Rauhaardackel Jops und sein Frauchen Brigitte sind täglich mindestens dreimal gemeinsam unterwegs

Rennen kann er wie ein Welpe – ausgedehnte Spaziergänge mit Frauchen Brigitte lässt sich Hundesenior Jops auf keinen Fall nehmen! Seit er zehn Wochen alt ist, begleitet er sie auf kurzen Dackelbeinchen durchs Leben. Geboren wurde Jops bei einem Züchter in der Nähe von Kappeln: Von hier hat Brigitte ihn damals zu sich geholt.

Der Alltag der beiden ist bunt: Auf dem Programm stehen mindestens drei größere Gassirunden, einkaufen und jede Menge andere Erledigungen. Jops läuft dabei meistens an der Leine. Dabei hat er sogar eine Leinenbefreiung: Weil er ein so gut erzogener Hund ist, brauchte er weder eine Hundeschule noch einen Trainer, um die dafür notwendige Prüfung zu bestehen. Ärger mit anderen Hunden gibt es in der Regel nicht – nur einmal wurde der Dackel von einem Jagdhund heftig in die Seite gebissen. Brigittes Mann, ein Mediziner, hat ihn mit viel Liebe und Geduld wieder gesund gepflegt – heute ist von dem Unglück nichts mehr zu sehen.

„Obwohl Jops nicht mehr so gut sieht, geht er sehr gern spazieren."

Brigitte

Jops ganz große Schwäche: Leckerli! Dafür tut er nahezu alles. Springen oder Männchen machen – ein knuspriger Snack motiviert den rüstigen Dackelherrn zu fast zirkusreifen Leistungen. Gern und mit gesundem Appetit frisst er aber auch sein Nassfutter: Dass er dabei nicht zu rund ums Bäuchlein wird, verhindert Brigitte mit jeder Menge Bewegung.

Langeweile kommt bei den beiden jedenfalls nicht auf. Brigitte und Jops sind immer in Aktion! Seit so vielen Jahren gehen sie gemeinsam durch dick und dünn – und sind damit ein perfekt eingespieltes Team.

Lebensfreude pur: Jops ist ein fröhliches und freundliches Kerlchen

„Unser liebstes Gassi-Ziel: der Eppendorfer Park. Da fühlen wir uns beide wohl."

Brigitte

Unsere Tipps

Mit Herz und Geduld: Hamburgs Tiermediziner

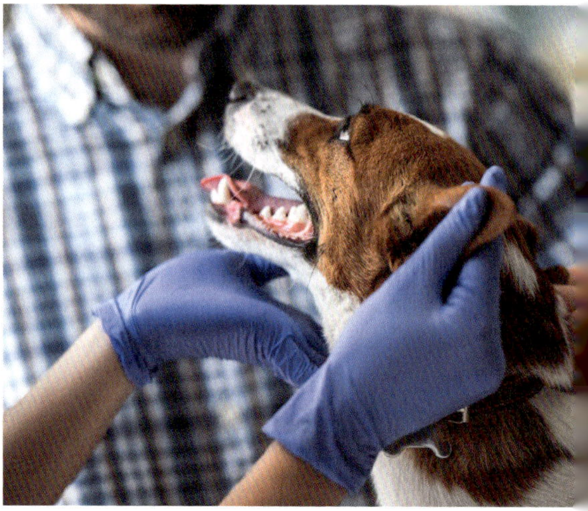

DIE TIERÄRZTE AM GRANDWEG

Die Gemeinschaftspraxis am Grandweg ist 2002 aus dem Zusammenschluss dreier Eppendorfer Praxen entstanden. Seitdem behandeln Dr. Bucksch, Dr. Andreß, Dr. Lortz und Dr. von Rad ihre Patienten einfühlsam und kompetent. Katzen und Hunde haben jeweils gesonderte Wartezimmer, was den Tieren viel Stress erspart. Die Klinik hat auch samstags geöffnet, Hausbesuche gibt es nach Vereinbarung.

Termin nach Vereinbarung: Mo-Fr 9-19 Uhr, Sa 10-12 Uhr
Grandweg 68, 22529 Hamburg
Bus 5/281 bis Brunsberg
040 56008886
www.tieraerztegmbh-hamburg.de

DR. ANDRE DÖRR

Dr. André Dörr aus Niendorf ist bei seinen Patienten für seine einfühlsame, ruhige Art bekannt und nimmt jedem seiner tierischen Patienten die Angst. Der Tierarzt und sein Team schaffen es schnell, Vertrauen bei Tier und Mensch zu gewinnen – in Notfällen bietet er auch Hausbesuche an.

Sprechstunde Mo-Do 9-12, 16-19 Uhr, Fr 9-12 Uhr
An der Lohe 9, 22459 Hamburg
U2 bis Niendorf Markt
040 55004822
www.drdoerr.de

DR. BERGIT GRÜNAU

Schon seit über zwanzig Jahren kümmert sich Dr. Bergit Grünau in ihrer Praxis in Winterhude um ihre befellten und gefiederten Patienten. Die Ärztin begegnet Hunden mit ganz viel Ruhe und Einfühlungsvermögen. Die Preise sind transparent und fair, die Praxis hat auch am Samstagvormittag geöffnet.

Sprechstunde Mo-Sa 11-12 Uhr, Mo, Di, Fr 16-18 Uhr, Do 16-19 Uhr
Dorotheenstraße 63, 22301 Hamburg
Bus 6/17/25 bis Goldbekplatz
040 482844

DR. CORINNA CORNAND

In der Komödie ‚Dr. Dolittle' die in den 90ern im Kino lief, kann der Held Dr. John Dolittle mit Tieren sprechen. Vielleicht nennt sich Tierärztin Corinna Cornand aus Hamburg Winterhude deshalb scherzhaft wie die Filmfigur, denn auch sie scheint mit Tieren auf eine ganz spezielle Art zu kommunizieren. Die Ärztin geht so liebevoll auf ihre Patienten ein, dass immer eine entspannte Stimmung herrscht. Angstattacken im Wartezimmer sind damit passé.

Termin nach Vereinbarung: Mo, Di, Do. 10-18 Uhr, Mi 10-12 Uhr, Fr 8-16 Uhr
Heidberg 45, 22301 Hamburg
U3 bis Borgweg
040 79305996
www.doktor-dolittle.net

DR. SONJA SCHIRMER

Homöopathie, Akupunktur, Osteopathie – Tierärztin Sonja Schirmer aus Hamburg Lokstedt bietet alternative Behandlungsmethoden, die sich besonders bei der Behandlung von chronischen Erkrankungen bewährt haben. Die sympathische Ärztin geht auf die Tiere und ihre Besitzer gleichermaßen mit viel Geduld und Einfühlungsvermögen ein.

Termin nach Vereinbarung
Willinks Park 8, 22529 Hamburg
U2 bis Hagendeel
0173 6044792
www.sonjaschirmer.de

DR. VOLKER GERLITZKI

In der hellen, freundlichen Atmosphäre der Praxis von Dr. Gerlitzki in Hamburg Bergedorf fühlen sich Menschen und Hunde auf Anhieb wohl. Das Team aus zwei Tierärzten und zwei Tierarzthelferinnen ist sehr kompetent und erklärt von der Behandlung bis zu den Kosten alle Schritte. Zum umfangreichen Angebot gehört auch ein Hausbesuchsservice.

Sprechstunde Mo-Fr 10-12, 16-19 Uhr
Wentorfer Straße 15, 21029 Hamburg
Bus 235 bis Rathaus Bergedorf
040 7214244
www.vet-gerlitzki.de

FUTTER VET

Barfen, Trocken- oder Nassfutter? Tierärztin Katharina Guckes hilft weiter, wenn es um Ernährungsfragen geht. So erstellt sie zum Beispiel Futterpläne, die auf individuelle Probleme wie beispielsweise Allergien oder Übergewicht eingehen und mit denen das Wohlbefinden des Tieres nachhaltig gesteigert werden kann.

Sprechstunde Mo-Mi 10-12 Uhr, Do, Fr: 12-18 Uhr
Emil-Janßen-Straße 16, 22307 Hamburg
S1/S11 bis Alte Wöhr
040 32961547
www.futter-vet.de

HUNDEPHYSIOTHERAPIE DAILY DOGS

Die Hundepension und Hundeschule Daily Dogs ist für ihr großes Rundum-Angebot bekannt. Neben einem Shop und einem Hundefriseur, findet man hier auch Hundephysiotherapeutin Fiona Bliedtner. Sie arbeitet direkt auf dem Gelände und therapiert Schmerzen, neurologische Erkrankungen und viele andere Beschwerden.

Termin nach Vereinbarung
Offakamp 25, 22529 Hamburg
Bus 281 bis Nedderfeld Center
040 57011875
www.daily-dogs-hamburg.de

Physiotherapie für den Hund

KLEINTIERKLINIK KOTZIAN

Hinter dem Stadtpark liegt die Kleintierklinik Kotzian. Das Team aus fünf Ärzten und Helferinnen ist für seine Freundlichkeit und Empathie in ganz Hamburg bekannt und bietet neben sehr arbeitnehmerfreundlichen Sprechzeiten auch komplexere Operationen sowie einen Wochenendnotdienst an. Empfehlenswert!

Sprechstunde Mo-Fr 8-20 Uhr, Notdienst: Sa-So 10-12 Uhr
Alsterdorfer Straße 255a, 22297 Hamburg
U1 bis Alsterdorf
040 5110707
www.tierklinik-kotzian.de

KLEINTIERPRAXIS DR. A. WELZ

Die Kleintierpraxis in Hohenfelde kümmert sich mit viel Liebe und Geduld um ihre Patienten. Bei den Untersuchungen nimmt man sich hier viel Zeit, sodass ängstlichen Hunden Druck und Stress genommen wird und sie entspannen können. Auch das Preis-Leistungsverhältnis stimmt.

Sprechstunde Mo, Di 9-12, 16-18 Uhr, Mi 8.30-12 Uhr, Do 7-12, 16-20 Uhr, Fr 9-12, 16-18 Uhr, Sa 7.30-9.30 Uhr
Mundsburger Damm 14a, 22087 Hamburg
U3 bis Uhlandstraße
040 2209240
www.tierarztpraxis-welz.de

KLEINTIERPRAXIS IN WANDSBEK

Zwischen dem Wandsbeker Quarree und dem Eilbekkanal liegt die Kleintierpraxis Wandsbek. Hier nehmen sich die Ärzte wirklich Zeit für ihre Patienten und begegnen Hunden, die Angst vor dem Tierarzt haben, mit viel Ruhe, Geduld und Empathie. Termine sind auch spontan möglich, an Impfungen wird man per Post erinnert.

Termin nach Vereinbarung: Mo, Di, Do, Fr 8-18 Uhr, Mi 8-14 Uhr
Wandsbeker Königstraße 50, 22041 Hamburg
S1/S11 bis Friedrichsberg
040 27148280
www.kleintierpraxis-in-wandsbek.de

KOMPETENZZENTRUM KLEINTIERMEDIZIN

Die umfangreichen Leistungen einer Tierklinik gepaart mit der persönlichen Atmosphäre eines Hausarztes finden Hundehalter im Kompetenzzentrum Kleintiermedizin in Hamburg Lokstedt. Die Praxis von Frau Dr. Furck bietet eine hochmoderne Ausstattung für Diagnostik, Operationen und verschiedenste Therapien.

Termin nach Vereinbarung: Mo-Fr 8.30-11.30 Uhr, Mo, Mi, Do, Fr 16-18 Uhr
Wehmerweg 26, 22529 Hamburg
U2 bis Hagendeel
040 58954550
www.kompetenzzentrum-kleintiermedizin.de

LAUF-PRAXIS

Die Lauf-Praxis in Osdorf therapiert orthopädische Probleme bei Hunden mit Behandlungen wie Massage, Reflexübungen oder Aquatherapie. Durch solche Maßnahmen können Schmerzen, Bandscheibenvorfälle, Bänderrisse und andere Krankheitsbilder behandelt werden. Auch alte Hunde profitieren von Rehabehandlungen.

Termin nach Vereinbarung
Osdorfer Landstraße 185, 22549 Hamburg
Bus 1/21/22/392 bis Knabeweg
040 80020040
www.lauf-praxis.de

TIERÄRZTE IN ALTONA

Eine Praxis in der man sich sehr gut aufgehoben fühlt, ist die Tierarztpraxis in Altona. Dr. Rüschoff und Dr. Christian nehmen sich viel Zeit für ihre Patienten und strahlen unglaublich viel Ruhe und Souveränität aus. Das gesamte Team ist sehr freundlich und hilfsbereit; auch Hunde, die sonst eher gestresst sind, können dadurch entspannen.

Sprechstunde Mo-Mi 10-12 Uhr, Mo, Di, Do, Fr 16-18.30 Uhr
Am Felde 28, 22765 Hamburg
S1/S11/S2/S3/S31/Bus bis Altona
040 3809648
www.tierarzt-hh-altona.de

TIERÄRZTLICHES INSTITUT FÜR ANGEWANDTE KLEINTIERMEDIZIN

In der Tierarztpraxis in Hamburg-Rahlstedt arbeitet ein freundliches und engagiertes Team, das seinen Job wirklich liebt. Als Tierbesitzer wird man hier über jeden Schritt der Behandlung gewissenhaft informiert, sodass man sich jederzeit gut aufgehoben fühlt. Die Abrechnung ist transparent und fair.

Sprechstunde Mo-Fr 9-14, Mo, Di, Do, Fr 16-19 Uhr, Sa 10-12 Uhr, So 11-12 Uhr
Rahlstedter Straße 156, 22143 Hamburg
Bus 9/264/362/364/462/562 bis Schweriner Straße
040 6772144
www.tieraerzte-hamburg.com

TIERARZTPRAXIS ALSTERHÖHE

Eine Praxis, in der auch ängstliche Hunde auftauen, ist die Tierarztpraxis Alsterhöhe in Fuhlsbüttel. Die Ärztinnen Dr. Mauer und Dr. Buschmann nehmen sich unglaublich viel Zeit bei der Behandlung und gehen sehr liebevoll mit ihren tierischen Patienten um. Fragen werden jederzeit verständlich beantwortet.

Termin nach Vereinbarung Mo-Fr 9-19 Uhr, Notfallsprechstunde Sa 11-12 Uhr
Nußkamp 2, 22339 Hamburg
U1 bis Fuhlsbüttel
040 31817429

TIERARZTPRAXIS BEETHOVENSTRASSE

Dr. Stefanie Westphalen bietet in ihrer Praxis in Barmbek-Süd ein breites Spektrum an Leistungen an und verfügt unter anderem über ein internes Labor. Auch wer Fragen hat oder einen Rat braucht, bekommt hier freundliche und verständliche Antworten. Bei schwereren Eingriffen können Tiere auch stationär untergebracht werden.

Sprechstunde Mo, Di, Do, Fr 8-15 Uhr, Mi 15-20 Uhr, Sa 10-12 Uhr
Beethovenstraße 62, 22083 Hamburg
U3 bis Hamburger Straße
040 297122
www.tierarzt-beethovenstraße.de

TIERARZTPRAXIS GRINDELHOF

Wer kennt es nicht: Der Hund ist krank, die Praxis hat geschlossen und plötzlich fühlt man sich ganz schön verlassen Zum Glück gibt es die Tierarztpraxis Grindelhof. Tierärztin Dr. Imke Voth kümmert sich auch außerhalb der üblichen Sprechzeiten liebevoll um Notfälle und bietet dann sogar Hausbesuche an. Bevor man vorbeigeht, am besten kurz anrufen und klären, ob Frau Voth auch da ist.

Sprechstunde Mo, Di, Do, Fr 10-13 Uhr, 16-18.30 Uhr, Mi 11-12.30 Uhr, 19-20 Uhr, Sa 11-12.30 Uhr, So 18-19 Uhr nach Vereinbarung
Bornstraße 12, 20146 Hamburg

Bus 4/5 bis Grindelhof
040 454550
www.tierarztpraxis-grindelhof.de

TIERHEILPRAKTIKER ERNST BAMERT

Manchmal fehlt dem Hund etwas, ohne dass man mit herkömmlichen Methoden weiterkommt. In solchen Fällen hilft Tierheilpraktiker Ernst Bamert. Der Spezialist für Homöopathie arbeitet ganzheitlich, nimmt sich viel Zeit um die Ursachen für bestimmte Beschwerden abzuklären und findet immer eine passende, natürliche Therapieform.

Termin nach Vereinbarung
Große Brunnenstraße 139, 22763 Hamburg
Bus 37/283 bis Daimlerstraße
040 98761984
www.dertierheilpraktiker.com

TIERHEILPRAKTIKERIN BRITT BACHMAYER-ERNST

Britt Bachmayer-Ernst hilft auch da, wo die Schulmedizin nicht mehr weiter weiß und testet ihre tierischen Patienten durch Bioresonanz mit viel Geduld und Einfühlungsvermögen auf Unverträglichkeiten. Die sympathische Tierheilpraktikerin ist selbst Hundebesitzerin und bietet zum Beispiel alternative Methoden wie Blutegel-, Laser-, Bioresonanztherapien und Homöopathie an.

Termin nach Vereinbarung
Furth 2, 22850 Norderstedt
040 52560456
www.bbe-tiere.de

TIERKLINIK LADEMANNBOGEN

Die Tierklinik in Hamburg-Hummelsbüttel deckt ein breites Spektrum an medizinischen Bereichen ab und arbeitet dabei mit Techniken wie der Computertomographie oder der Angiographie.
Das Ärzteteam ist im Umgang mit Tieren und Menschen herzlich und aufgeschlossen, sodass man sich hier wohlfühlt auch wenn der Anlass noch so unerfreulich ist.

Termin nach Vereinbarung
Mo-Fr 9-11 Uhr, Mo, Di, Do, Fr 16-18 Uhr
Wilhelm-Stein-Weg 2, 22339 Hamburg
Bus 193 bis Wilhelm-Stein-Weg
040 5209096
www.tierklinik-lademannbogen.de

TIERKLINIK NORDERSTEDT

Eine Klinik, die rund um die Uhr für ihre tierischen Patienten da ist, ist die Tierklinik Norderstedt. Hier steht immer – auch nachts und am Wochenende – mindestens ein Tierarzt des Teams bereit. Untersuchungen werden sehr gründlich durchgeführt. Auch auf die Sorgen der Tierhalter wird mit viel Feingefühl eingegangen. Nicht nur in Notfällen eine gute Adresse.

Termin nach Vereinbarung, Tel. Mo-Fr 8-12.30, 14.30-18 Uhr
Kabels Stieg 41, 22850 Norderstedt

040 5298940
www.tierklinik-norderstedt.de

TIERKOMMUNIKATION-NORDHEIDE

Bekanntlich gibt es mehr, als die Augen sehen können: Tierkommunikation beschäftigt sich mit einer intuitiven, energetischen Verbindung zwischen Mensch und Tier, die ohne Worte und Befehle auskommt. Mit ihrer Hilfe können manchmal Schmerzen und Erkrankungen entdeckt und diagnostiziert werden – was sie zu einer sinnvollen Ergänzung zur klassischen Tiermedizin macht.

Termin nach Vereinbarung
Mühlenweg 12, 21376 Salzhausen-Luhmühlen
0176 22239932
www.tierkommunikation-nordheide.de

TIERMEDIZIN AM ROTHENBAUM

Eine Tierarztpraxis, in der Tier und Mensch sich einfach wohlfühlen müssen. In der Gemeinschaftspraxis am Rothenbaum arbeitet ein Team von fünf besonders netten und einfühlsamen Ärzten und Ärztinnen – auch Spezialgebiete wie Chirurgie oder Augenheilkunde werden angeboten. Sensible Tiere können schon vor dem Termin zu Besuch kommen, um sich ein Leckerli abzuholen und die Angst vor dem Tierarzt zu verlieren.

Termin nach Vereinbarung
Rothenbaumchaussee 195, 20149 Hamburg
U1 bis Klosterstern
040 451772
www.hh-tierarzt.de

TIERPHYSIOTHERAPIE DJURENS-DAL

Tierphysiotherapie in Bergedorf: Susanna Reinsberg hat sich auf Schmerztherapie spezialisiert und hilft Hunden und anderen Tieren zum Beispiel bei Gelenkschmerzen und muskulären Problemen. Dabei herrscht in der Praxis eine sehr entspannte Atmosphäre, die sich positiv auf Angstpatienten auswirkt.

Termin auf Anfrage
Ziegeleistraße 16, 22113 Oststeinbek
040 53548161
www.djurens-dal.de

TIERPHYSIOTHERAPIE UND -AKUPUNKTUR MAJ-BRITT THIESEN

Blockierungen, Sehnenverletzungen und Altersbeschwerden – Tierphysiotherapeutin Maj-Britt Thiesen ist mit ihrer mobilen Praxis in ganz Hamburg unterwegs, um Hunde von Schmerzen zu befreien. Dabei zeigt sie ein sehr gutes Gespür für Mensch und Tier und nimmt sich viel Zeit für die Behandlung.

Termin nach Vereinbarung
0176 63834511
www.tierphysiohh.de

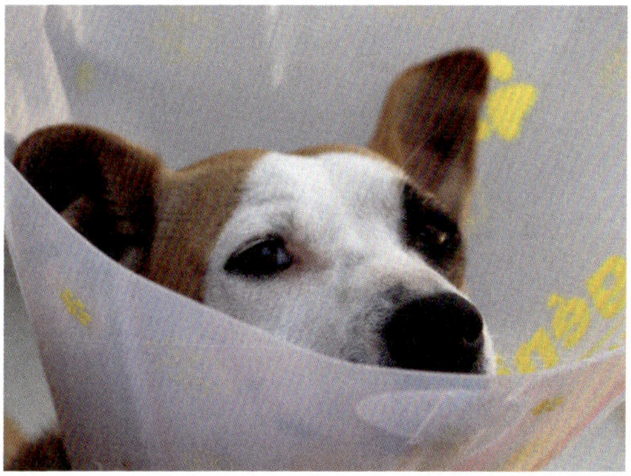

TIERPHYSIOTHERAPIE UND -ARZTPRAXIS HAMBURG-WEST

Das Angebot der Tierphysiotherapie Tierarztpraxis Hamburg-West reicht vom Check-up bis zur Physiotherapie, von der Routineimpfung bis zur Blutspende für Tiere. Eine orthopädische und eine neurologische Sprechstunde steht ebenfalls zur Verfügung. Alles unter einem Dach: In der Apotheke gibt es auch eine Apotheke und einen Futtershop.

Termin nach Vereinbarung: Mo, Di, Do, Fr 8.30-11.30, 15-18.30 Uhr, Mi 8.30-11.30, 15-20 Uhr
Langelohstraße 134, 22549 Hamburg
Bus 1/21/22/392 bis Langelohstraße (Nord)
040 87082665
www.tierarzt-hhwest.de

„Hin und wieder ein Check-up kann dabei helfen, Krankheiten zu vermeiden."
Rolf Deckena

Das sagt der EXPERTE

Gesund in jedem Lebensalter

In jeder Lebensphase des Hundes gibt es bestimmte Dinge, auf die Hundebesitzer achten sollten. Tierarzt Rolf Deckena sagt, welche das sind

Mit was für Problemen kommen Hundebesitzer besonders häufig zu Ihnen?
Mit allem, was Hunde so haben: Verdauungsprobleme, Krankheiten des Bewegungsapparats, Herzgeschichten, Erkältungskrankheiten, Haut- oder Zahnprobleme und vieles mehr.
Wir haben auch Spezialisten im Team, zum Beispiel eine Tieraugenärztin, eine Orthopädin und eine Kardiologin. Deswegen behandeln wir oft auch Hunde mit entsprechenden Beschwerden. Ein weiteres Gebiet sind Erziehungsthemen und Ernährungsberatung.
Da können wir immer wieder hilfreich sein.

Sprechen wir über die verschiedenen Phasen eines Hundelebens. Worauf müssen Besitzer eines Welpen achten? Und gibt es für dieses Hundealter bestimmte Vorsorgeuntersuchungen, die sie wahrnehmen sollten?
Welpen sollten unbedingt geimpft werden. Davor wird jeweils gecheckt, ob der Hund gesund und impffähig ist. Bei jungen Hunden ist es wie bei kleinen Kindern: Da sind die Kinderkrankheiten, deshalb sind im ersten Hundejahr auch Arztbesuche häufiger. Und auch ihr Immunsystem braucht Zeit, um zu reifen.

Wie ist es im mittleren Lebensalter? Geht der Hund nur zum Arzt, wenn er krank ist oder sollte man auch hin und wieder einen Check-up machen?
Hunde in den mittleren Lebensjahren kommen in der Regel einmal im Jahr zu uns zum Impfen. Wir impfen zwar jährlich – aber nicht jedes Jahr gegen alles! Dieser Termin ist auch Anlass für einen Check-up der Figur, der Lunge, des Herzens, der Gelenke und der Zähne. Für Hunde empfehlen wir eine jährliche Blutuntersuchung – spätestens ab dem Alter von acht. Dabei machen wir ein großes Blutbild, checken die inneren Organe und überprüfen die Schilddrüse. Mit einer guten Vorsorge kann man

dem Hund viel Leiden und sich selbst Kosten ersparen.

Und ältere Hunde? Worauf sollten Hundehalter jetzt achten?
Ganz wichtig ist, zu respektieren, dass ein älterer Hund ein gesteigertes Ruhebedürfnis hat. Bei Hundesenioren sollte ein besonderes Augenmerk auf der Zahngesundheit liegen – ein chronisch entzündeter Zahn kann den ganzen Organismus belasten! Ansonsten: Gibt es irgendwelche Auffälligkeiten, schauen wir nach der Ursache. Niemand kennt den Hund so gut wie sein Besitzer – wenn er merkt, dass etwas nicht stimmt, sollte er mit dem Tier zum Arzt gehen.

Sommerzeit ist Zeckenzeit. Gibt es einen wirksamen Schutz?
Ja. Es gibt sehr gut verträgliche und wirksame Tabletten, die während der Zeckensaison alle 4 Wochen eingenommen werden. Da Hunde immer wieder ernste Probleme durch Zeckenbisse bekommen, raten wir sehr dazu.

Stichwort Winter. Brauchen Hunde bei Minustemperaturen Kleidung?
Nur einige wenige. Für meinen Geschmack sind zu viele Hunde in Jäckchen unterwegs. Bei älteren Hunden, die ein kurzes Fell haben, kann es bei Minusgraden allerdings schon mal Sinn machen, sie mit Kleidung vor der Kälte zu schützen.

Manche Hunde haben große Angst vor dem Tierarzt. Was kann man dann tun?
Wir bieten den Patienten an, schon vor einem Termin immer mal in die Praxis zu kommen, einfach ein Leckerli abzuholen und wieder zu gehen. Der Hund wird so darauf konditioniert, dass ihm bei uns nichts Schlimmes passiert. Und: Der Tierarzt muss natürlich respektvoll mit dem Tier umgehen. Auch das nimmt Hunden die Angst.

Was braucht der Hund für ein glückliches Hundeleben?
Liebe, eine klare Struktur und gutes Futter. Struktur bedeutet, er muss in der Hierarchie einen klaren Platz haben – mal etwas dürfen und mal nicht, geht nicht. Ganz wichtig ist Authentizität: Wenn ein Sofakissen zerfetzt wurde oder ähnliches, darf man also auch durchaus mal sauer sein. Der Hund kommt damit gut klar, besser als mit verdruckster Kuschelpädagogik.

„Angst vor dem Tierarzt muss nicht sein. Wo Tiere mit Respekt und Geduld behandelt werden, hat Angst keinen Platz."

Rolf Deckena

Die Hundeapotheke

Das sollte man für den Notfall zuhause haben

Ganz klar: Wer für den Notfall gut gerüstet ist, kann seinem Hund Schmerzen, einen langwierigen Krankheitsverlauf und eventuell sogar Tierarztbesuche ersparen. Die hauseigene Hundeapotheke ist daher eine sinnvolle Maßnahme!
Kohletabletten zum Beispiel sollten darin immer vorhanden sein – bei einer einsetzenden Vergiftung oder starken Durchfällen sind sie ein wichtiges Mittel.
Auch typische Utensilien wie die Krallenschere oder die Zeckenzange dürfen nicht fehlen, das gleiche gilt für Verbandsmaterial wie Mullbinden und Klebestreifen.
Wer mit seinem Hund auf Reisen geht, sollte darüber hinaus eine Reiseapotheke für den Vierbeiner zusammenstellen. Diese ist auch als bereits fertig ausgestattetes Erste-Hilfe-Set im Handel erhältlich.

Und das sollte in der Hundeapotheke vorhanden sein:

- ➜ Pinzette und Zeckenzange zum Entfernen von Zecken, Splittern und anderen Fremdkörpern
- ➜ Krallenzange zum Kürzen der Krallen
- ➜ Einweghandschuhe
- ➜ Fieberthermometer
- ➜ Flohkamm oder Flohbürste
- ➜ Kleine Schere
- ➜ Mull- oder Fixierbinden zur Wundversorgung
- ➜ Verbandswatte und Tupfer
- ➜ Klebestreifen
- ➜ Babysocken oder Hundeschuhe zum Schutz einer verletzten Pfote
- ➜ Desinfektionsmittel – am besten ohne Alkohol
- ➜ Tierkohletabletten gegen Durchfälle
- ➜ Wundsalbe
- ➜ Augen-, bzw. Ohrentropfen
- ➜ Telefonnummer des Tierarztes, einer Tierklinik und des tierärztlichen Notdienstes

Wichtig: Bei ernsteren Verletzungen oder im Zweifelsfall sollte immer ein Tierarzt oder der tierärztliche Notdienst zu Rate gezogen werden.

Im Notfall ganz schnell handeln!

Vergiftungen, Unfälle, Bisse: Ein Notfall kann immer mal eintreten. Gut, wenn Hundebesitzer dann wissen, was zu tun ist! Tierärztin Sonja Schirmer verrät, welche Maßnahmen schon Sinn machen, bevor etwas passiert ist

Sonja Schirmer ist Tierärztin in Hamburg-Lokstedt und arbeitet unter anderem mit Akupunktur und Osteopathie

Was sollte ich als Hundehalter immer für den Notfall zuhause haben?
Notfallnummern von Tierarzt, Tierklinik und Tiertaxi sollten greifbar oder im Telefon eingespeichert sein, außerdem sollte unbedingt eine Notfallapotheke vorhanden sein.

Wie bemerke ich, dass mein Hund Schmerzen hat?
Wichtig ist zu wissen, dass unsere Hunde Schmerzen nicht immer durch Lautäußerungen wie Jaulen oder Winseln zeigen. Im Schockzustand, zum Beispiel nach einem Unfall, gibt ein Hund selbst bei schweren Verletzungen oft keine Schmerzlaute von sich. Eine veränderte Körperhaltung kann auf Schmerzen hindeuten: ein aufgekrümmter Rücken bei Bauch- oder Rückenschmerzen oder eine Schonhaltung bei Schmerzen im Bewegungsapparat. Schmerzen können auch durch Verhaltenssänderungen wie Teilnahmslosigkeit gezeigt werden. Manchmal zeigen Hunde in akuten Schmerzzuständen dagegen auch Unruhe und Hecheln. Einige Hunde können bei Schmerzen aggressiv reagieren, daher ist immer Vorsicht geboten. Sollte es Unklarheiten geben, wird

auch der Haustierarzt mit einer Beurteilung helfen.

Horrorszenario: Notfall und niemand ist da. Was kann ich tun, wenn es meinem Hund schlecht geht, und sein Tierarzt nicht geöffnet hat?
Wenn der Haustierarzt nicht erreichbar ist, sollte der nächste Notdienst habende Tierarzt aufgesucht werden. Es gibt in Hamburg die Möglichkeit über die Rufnummer der Hamburger Tierärztekammer zu erfahren, welche Praxis dienstbereit ist. Darüber hinaus haben viele Tierkliniken einen 24 Stunden Notdienst. Unbedingt vorher in der Praxis/ Klinik anrufen und sich ankündigen mit einer Schilderung der Problematik. Bei Vergiftungen am Besten die aufgenommene Substanz mitbringen.

Welche Maßnahmen kann ich als Hundehalter selbst zur Notfallversorgung treffen?
Tierhalter können in Erste Hilfe Seminaren die Reanimation, Pfoten- und Augenverbände, die Bestimmung der Vitalparameter, den Transport eines verletzten Tieres und den Selbstschutz erlernen. Derartige Kurse vermitteln den Tierhaltern das erforderliche Wissen, um eine Erstversorgung durchführen zu können.

Was gehört in meine Notfallapotheke zuhause?
Immer parat liegen sollten Verbandszeug, Verbandsschere, Desinfektionsmittel, Wundsalbe, Fieberthermometer, Zeckenzange, Augenspüllösung, sterile Kochsalzlösung, und sterile Kompressen. Auch ein Maulkorb wird benötigt, falls der Hund bei Schmerzen aggressiv reagiert.

„Die Ausbildung für Assistenzhunde ist langwierig. Kein Wunder – sie müssen dabei sehr viel lernen."

Sina Rademacher

Ein echter Segen: Assistenzhunde

Das sagt die EXPERTIN

Therapie- und Assistenzhunde sind für Menschen mit Handicaps eine unschätzbare Hilfe. Hundetrainerin Sina Rademacher bildet solche Hunde aus

Du bildest Assistenzhunde aus. Was genau können solche Hunde?
Es gibt viele verschiedene Assistenzhunde. Zum Beispiel solche, die Menschen mit motorischen Beeinträchtigungen helfen, also Menschen, die möglicherweise im Rollstuhl sitzen. Hier hebt der Hund heruntergefallene Dinge auf, öffnet oder schließt Türen, macht das Licht an oder aus und hilft sogar beim An- und Ausziehen von Kleidungsstücken. Hunde von Menschen mit psychischen Beeinträchtigungen sind oft eine Kontaktbrücke, helfen den Betroffenen also zum Beispiel mit anderen ins Gespräch zu kommen. Oder sie führen Menschen mit einer Angststörung während einer Panikattacke aus der Situation heraus.

Den Blindenführhund kennen wir alle. Aber wie können Hunde Menschen mit Epilepsie oder Diabetes helfen?
Ein Diabetesanzeigehund erfüllt zum Beispiel eine Vorwarnfunktion – das heißt, er riecht, wenn die oder der Diabeteskranke unterzuckert ist, erkennt entsprechende Symptome und reagiert darauf. Bei Menschen mit Epilepsie ist es ähnlich: Hier erspürt der Hund, wenn ein Anfall bevorsteht. Während einer Unterzuckerung oder eines epileptischen Anfalls können Assistenzhunde Hilfe holen, Notschalter betätigen oder andere durch Bellen auf den Notfall aufmerksam machen.

Wo in Hamburg sind Assistenzhunde denn im Einsatz?
Assistenzhunde leben immer bei dem Menschen, dem sie helfen sollen – also je nachdem wo diese wohnen – in privaten Haushalten oder Einrichtungen, die Menschen mit Beeinträchtigungen unterstützen.

Die Ausbildung für Assistenzhunde ist sicher langwierig. Wie lange dauert es, bis so ein Hund seinen Dienst aufnehmen kann?
Die Spezialausbildung beginnt in der Regel, wenn die Hunde etwa ein Jahr alt sind. Sie dauert – je nach Vorbildungsstand des Tieres – etwa ein bis zwei Jahre. Dafür besuche ich den Hund und seine Familie etwa einmal die Woche.

Und wie läuft so eine Ausbildung ab?
Das Ganze beginnt mit einem

Infovortrag, in dem ich meine Art zu arbeiten und die möglichen Ziele der Ausbildung vorstelle. Dann gibt es ein individuelles Erstgespräch. Ich schaue mir die Lebensumstände an, in denen der spätere Assistenzhund zuhause sein wird und stelle sicher, dass die Versorgung von ihm auch gesichert ist. Wichtig ist, dass der Hund neben seinen Aufgaben auch mal Hund sein kann – er also zum Beispiel ausreichend Auslauf bekommt und überhaupt ein glückliches Leben führen kann.
Auf Wunsch begebe ich mich mit den späteren Haltern auch auf die Suche nach einem passenden Hund: Danach kann die Ausbildung im Prinzip beginnen. Sie besteht aus Besuchen im häuslichen Umfeld und Trainingsgruppen, die ich mit verschiedenen Assistenzhunden zum Beispiel im Stadtpark abhalte.

Kann jeder Hund Assistenzhund werden oder braucht es dafür ein gewisses Talent?
Es braucht auf jeden Fall Talent. Wichtig ist aber auch, dass der Hund körperlich fit ist und niemandem Angst macht.
Außerdem sollte er gut sozialisiert und stressresistent sein und eine hohe Frustrationstoleranz haben.

Sind derart gut ausgebildete Hunde nicht sehr schwer zu bekommen? Und wenn, dann nur für sehr viel Geld?
Bei der assistierten Selbstausbildung bringt man seinem Hund mit Hilfe einer Ausbildungsstätte alles selbst bei. Hier sind die Kosten am geringsten und liegen ohne Hund bei 3.000 bis 5.000 Euro.
Bei der teilstationären Ausbildung übernimmt die Ausbildungsstätte den Teil der Ausbildung, den sich der Assistenznehmer nicht zutraut.

„Viele Menschen können nur deshalb ein eigenständiges Leben führen, weil sie einen Hund an ihrer Seite haben."

Sina Rademacher

Der Hund kommt dafür stunden- oder tageweise zum Trainer, lebt sonst aber bei seinem Menschen zu Hause. Kosten hierfür beginnen bei 7.000 Euro.
Am bekanntesten ist die stationäre Ausbildung. Dabei wird der Hund von der Ausbildungsstätte gekauft und fertig ausgebildet. Dann erst lernt er seinen zukünftigen Besitzer kennen. Nach einer intensiven Einschulung zieht er in sein neues Zuhause. Für ein solches Tier muss man tatsächlich mit einem Kaufpreis von 20.000 bis 30.000 Euro rechnen.

Wie wird man Ausbilderin für Assistenzhunde?
Man braucht ein gutes Feeling für Hunde und Menschen. Ich selbst habe mir mein Wissen durch diverse Praktika, Seminare und Bücher angeeignet. Inzwischen gibt es auch Ausbildungen speziell für Assistenzhundetrainer, man sollte aber immer auch noch „links und rechts schauen", was andere Ausbildungsrichtungen so machen, um am Ende einen reich gefüllten Werkzeugkoffer für den Umgang mit Hunden und Menschen zu haben. Bis vor wenigen Jahren habe ich auch als Hundetrainerin für Familienhunde gearbeitet: Heute bilde ich nur noch Assistenzhunde aus.

Betreuung

Jeder Hundebesitzer möchte sein Haustier in guten Händen wissen, wenn er mal nicht bei ihm sein kann. Zum Glück gibt es Menschen, die sich mit Hunden bestens auskennen und von denen unsere Vierbeiner außerdem eine Menge lernen können

Bunte Truppe auf 12 Pfoten

Andrea und Thorsten leben mit Mops Ivan, 12, und der Mallorquinischen Schäferhündin Mali, 4, in Eimsbüttel. Kein Wunder, dass ihre Tochter Zoë mit Labrador Eddi,12, gern mal zu Besuch kommt

Drei wie Pech und Schwefel – das sind Ivan, Mali und Eddi! Während Ivan und Mali als Hausgenossen von Andrea und Thorsten eine Wohngemeinschaft bilden, ist Eddi ein gerngesehener Gast und freut sich immer, wenn sein Frauchen Zoë, Tochter des Hauses und inzwischen in eigener Wohnung lebend, ihn mit zu den Kumpels in Eimsbüttel nimmt. Wo er natürlich begeistert empfangen wird.

Dass die drei sich so gut verstehen, ist alles andere als selbstverständlich. Schließlich sind Ivan und Eddi mit ihren nunmehr 12 Jahren schon ältere Herrschaften und von Malis jugendlichem Aktionsdrang manchmal leicht überfordert. Auch plagt Mops Ivan schon das eine oder andere Seniorenzipperlein – so hört er zum Beispiel ziemlich schlecht und ist bei weitem nicht mehr so gut zu Fuß wie der Rest des Trios. Entspanntes Miteinander gibt es auch unterwegs. Stress mit fremden Vierbeinern: Fehlanzeige! Mit anderen Hunden klarzukommen, haben Ivan und Mali in einer Hundeschule gelernt – Ivan kann sogar mit einer Leinenbefreiung punkten.

Sind Andrea und Thorsten unterwegs, nehmen sie die beiden nach Möglichkeit mit – das gilt natürlich auch für den Urlaub. Der geht jetzt eben nicht mehr wie früher per Flugzeug in ferne Länder: Für sie gibt es genug schöne Orte, die mit dem Auto oder dem Zug erreichbar sind und an die sie ihre beiden vierbeinigen Mitbewohner problemlos begleiten können. Gern kommen sie dann aber auch wieder nach Hause - schließlich wartet da schon Eddi auf den nächsten Besuch bei seinen Freunden ...

„Ivan ist nicht mehr der Schnellste. Darum sind die beiden Großen manchmal auch allein unterwegs."

Andrea

„Spazieren gehen wir meistens am Kaiser-Friedrich-Ufer, gern fahren wir aber auch mal ins Niendorfer Gehege."

Andrea

Mops Ivan lässt es gern ruhig angehen. Das junge Rumgehüpfe seiner Mitbewohnerin Mali nervt ihn manchmal ein wenig.

Andrea und Thorstens Tochter Zoë kommt mit Labrador Eddi immer gern in Eimsbüttel vorbei

Unsere Tipps

Das sind die besten Hundeprofis

HUNDESCHULEN

DOGG 23

Eine Hundeschule, in der Hundehalter nicht belehrend behandelt werden und in der man sich einen Top-Umgang mit Hunden abgucken kann? Ab zu „Dogg 23“! Hunde werden hier im Einzeltraining unterrichtet, was den Vorteil hat, dass die Hunde beim Spielen nicht unnötig überdrehen und aufnahmefähiger sind. Die Schule bietet auch ein spezielles Antijagdtraining für alle Hunde an, die Kaninchen und Eichhörnchen allzu gern mögen.

Kastanienallee 23, 20359 Hamburg
Bus 36/37/111 bis Davidstraße
0176 20571102
www.dogg23.de

DOGMARTENS

Dass Hundetrainer Nick von “Dogmartens” seine Schüler wirklich liebt, merkt man sofort, wenn man ihn mit den Vierbeinern sieht. Nick ist mit einer mobilen Hundeschule unterwegs. Das hat den Vorteil, dass er direkt beurteilen kann, welche Fehler sich zuhause im Umgang miteinander eingeschlichen haben. Auf diese geht er mit viel Feingefühl ein, sodass in seinen Stunden nicht nur Gehorsam gelernt, sondern immer wieder auch gelacht wird.

Harburger Schloßstraße 27, 21079 Hamburg
Bus 157/154/142 bis Harburger Schloßstraße
0176 24857637
dogmartens.de

DOGS AND THE CITY

„Dogs and the City“ ist so manchem berufstätigen Hundehalter durch seinen Betreuungsservice bekannt. Das Team der Hundetagesstätte bietet zudem ein Hundetraining an, bei dem Halter und Hunde gleichermaßen lernen: Im Mittelpunkt steht immer ein entspanntes Verhältnis zwischen Mensch und Tier sowie die Frage, wie sich die Beziehung zwischen den beiden verbessern lässt.

Mo-Fr 7.30-19.30 Uhr (Abgabe bis 9 Uhr, Abholung ab 17.30 Uhr)
Gottschedstraße 9, 22301 Hamburg
U3 bis Borgweg
040 83981896
www.dogs-and-the-city.de

DOGS UNITED

Angsthunde, Hunde mit Aggressionen, Hunde mit Jagdtrieb… Hundetrainerin Nina nimmt jede Herausforderung an und schafft es mit ihrer tierlieben, empathischen Art schnell, das Vertrauen aller Vierbeiner zu gewinnen. Ninas Training findet vor-

nehmlich in einer Indoorhalle statt, wo wetterunabhängig geübt werden kann – auch bei typischem Hamburger Schietwetter.

Mühlenstraße 23, 22880 Wedel
S1 bis Wedel
01516 4305244
dogs-united.com

EIN BRAVER HUND

Wenn der Hund so gar nicht gehorchen will, gibt es häufig ein Problem in der Beziehung zu seinem Besitzer. Das weiß Trainerin Sarah Fairway und so lernen in ihren Trainingsstunden vor allem die Halter, souverän aufzutreten und ihrem Hund damit Vertrauen zu vermitteln. Neben dem Training mit Aggressionshunden bietet Sarah zudem den Hundeführerschein zur Leinenbefreiung an.

Ammernweg 54, 22547 Hamburg
Bus 22 bis Langbargheide (Süd)
0176 20928052
www.ein-braver-hund.de

ELBRUDEL

Eine Hundeschule, mit einem besonders umfangreichen Angebot aus Gruppen- und Einzeltraining, Begleithundprüfungen für Lehrer sowie Hundesport mit Dummy-Training ist "Elbrudel". Das Team aus insgesamt vier Trainerinnen übt Grundgehorsam, stellt besonders schwierige Situationen nach und geht dabei emphatisch auf den Hund und seinen Halter ein. Besonders schön: Bei so viel Input kommt trotzdem der Spaß nicht zu kurz!

Dillstraße 3, 20146 Hamburg
Bus 4/5 bis Grindelhof
0151 14989889
www.elbrudel.de

GHV-WANDSBEK

Ein riesiger Übungsplatz im Grünen für alle Hundesport-Liebhaber findet sich in Wandsbek. Beim GHV, dem Gebrauchshundsportverein, lernen Hunde von klein auf spielerisch in Welpengruppen. Später können hier Begleithund-, Gebrauchshund-, Fährten-

und Turnierhund-Prüfungen absolviert werden. Um an einer Prüfung teilzunehmen, muss man Mitglied im Verein sein.
Willöperstraße, 22047 Hamburg
Bus 9/116 bis Ölmühlenweg (Nord)
040 5702500
www.ghv-wandsbek.de

HAMBURG HUNDE

Hundetraining sollte immer dort stattfinden, wo das Gelernte später auch angewendet werden kann. Diesen Ansatz verfolgt "Hamburg Hunde" und verabredet sich mit lernwilligen Hunden und ihren Menschen in öffentlichen Spaziergebieten. Neben einem Erziehungstraining bietet das Team von "Hamburg Hunde" auch Trick- und Dummytraining.
Eulenkamp 51b, 22049 Hamburg
Bus 171/271 bis Eulenkamp
0177 3645641
www.hamburghunde.de/

HANSEHUND

Welpengruppen, Junghundegruppen, Einzeltraining – die Hundeschule "Hansehund" bietet verschiedenste Möglichkeiten der Hundeerziehung. Dabei wird immer darauf geachtet, dass das Verhältnis zwischen Spielen und Lernen ausgewogen ist: Gehorsamkeitsübungen finden nach einer Spieleinheit statt und werden mit viel Lob honoriert. Für alle, die mehr als die üblichen Lehrstunden wollen, gibt es zudem begleitete Spaziergänge, auf denen Dinge wie Bahnfahren, das Verhallten im öffentlichen Raum und Co. gelernt werden.
Nöltingstraße 4, 22765 Hamburg
S1/S11/S2/S3/S31/Bus bis Altona
040 18084492
www.hansehund.de

HUNDEDORF RELLINGEN

Die liebevolle Hundepension im nordwestlichen Hamburger Umland bietet neben einer Urlaubsbetreuung auch Verhaltensberatung, Grundkurse für junge Hunde, ein breites Hundesport-Angebot aus Agility, Dummy- und Fährtenarbeit sowie die Vorbereitung auf diverse Prüfungen. In den Kursen werden nicht nur Grundkommandos für den Alltag erlernt, auch Hundebesitzer werden in ihrem Auftreten und der Körpersprache für eine harmonische Beziehung geschult.
Pinneberger Straße 121A, 25462 Rellingen
Bus 195/781 bis Egenbüttel, Kellerstraße
04101 6968890
www.hundedorf.eu

HUNDEGLÜCKLICH

Hundeglücklich – das sind Menschen und ihre Vierbeiner, wenn sie ein eingespieltes Team sind. Hundetrainerin Maike zeigt ihren Schülern, wie sie genau auf diesen Weg kommen: Warum verhalten sich Hunde auf eine bestimmte Art und was können Besitzer tun, um ihrem Hund Vertrauen zu vermitteln? All das kann im Einzel- sowie im Gruppentraining erlernt werden. In Problemsituationen ist Maike zudem per Handy erreichbar und immer für ihre Schüler da.
Mo-Sa 9.30-19 Uhr
Mexikoring 13, 22297 Hamburg
Bus 23/26/118/179 bis Dakarweg
0178 1806560
www.hundegluecklich.de

Schon gewusst.

HUNDESCHULE DES HAMBURGER TIERSCHUTZVEREINS

Den Hamburger Tierschutzverein kennt man vor allem für die Vermittlung von Tierheimtieren. Außerdem bietet der Verein jedoch auch artgerechte Erziehungsstunden in seiner Hundeschule! Im Training lernen Hund und Halter ohne Strafen und mit positiver Verstärkung miteinander zu kommunizieren. Auch der Hundeführerschein kann hier absolviert werden.
Hundeschule des Hamburger Tierschutzvereins von 1841 e.V.
Süderstraße 399, 20537 Hamburg
040 21110613
www.hamburger-tierschutzverein.de/tierheim/hundeschule

HUNDESCHULE HAFENHUNDE

Hafenhund – Training für Mensch & Hund. Mit diesem Slogan wirbt Trainerin Sonja Erhart von "Hafenhunde", und macht damit deutlich, worum es ihr vornehmlich geht: um die Kommunikation zwischen Tier und Mensch und Möglichkeiten des Miteinanders. Sonjas Angebot reicht von Welpen-, über Junghund- und Gehorsamstraining über Agility zum Mantrailing. Neben einem weitläufigen Trainingsplatz bietet die „Hafenhunde" auch einen Container, der bei schlechtem Wetter für das Training genutzt werden kann.

Ernst-August-Stieg 3, 21107 Hamburg
Bus 156 bis Ernst-August-Deich
0179 5471908
www.hafenhunde.com

HUNDESCHULE KALSKI

Tonja Kalski ist mit ihrer ruhigen, souveränen Ausstrahlung die geborene Hundetrainerin. Als solche können Hundebesitzer sich einiges von ihr abgucken, wenn es darum geht, dem eigenen Hund Grundgehorsam beizubringen, Unsicherheiten abzubauen und als Team zusammenzuarbeiten. Das Training findet auf einem eigenen Übungsplatz in Dassendorf bei Bergedorf statt. Für Einzelstunden kommt Tonja auch gern zu ihren Kunden nach Hause.

Hauskoppel 4, 21521 Dassendorf

Bus 8821/8823 bis Dassendorf, Denkmal
0163 7297756
www.hundeschule-hamburg.com

HUNDESCHULE KARSTEN SCHMIEL

Zwei Standorte, ein Trainer: Hundeliebhaber Karsten Schmiel und seine Hunde Casper und Mathilda zeigen Hunden und ihren Menschen sowohl im Hamburger Stadtpark als auch im Wilhelmsburger Inselpark, wie ein eingespieltes Team aussieht. Karsten schafft es auch im Gruppentraining den Überblick zu behalten und auf alle seine Schüler einzugehen. Dabei kommt auch der Spaß nicht zu kurz.

Billhorner Kanalstraße 82, 20539 Hamburg
S2/S21 bis Rothenburgsort
0176 83218412
www.hundeschule-schmiel.de/

HUNDESCHULE MICHAELA RUNGE

Michaela Runge ist eine unglaublich motivierte Hundetrainerin, die Training für Hunde aus Altona, Eimsbüttel und der Schanze im Alsenpark in Altona-Nord anbietet. Gelernt wird hier in Kleingruppen und nach den neuesten Methoden der Hundeerziehung, die ohne jeglichen Einsatz von Gewalt auskommen. Neben Einzelberatungen und Gruppentraining bietet Michaela auch ein spezielles Clickertraining sowie Apportierkurse an.

Mi, Do 15-18 Uhr, Fr 10-18 Uhr, Sa 9-14 Uhr, So 9-13 Uhr
Glücksburger Straße 24, 22769 Hamburg
Bus 183/283 bis Langenfelder Straße
01520 8801735
www.hundeschule-runge.de

HUNDESCHULE STRUPPI & CO.

Wie schaffen es Mensch und Hund möglichst stressfrei miteinander zu leben? Die Antwort darauf liegt für die Hundetrainerinnen Barbara Schöning und Kerstin Röhrs im artgerechten Umgang mit dem Hund, der hier in Welpengruppen, Erziehungskursen und im gemeinsamen Spielen geübt wird. Die Wandsbeker Hundeschule nimmt die

Gehorsamsprüfung ab und bildet Hundeerzieher und Verhaltensberater aus.

Neusurenland 4, 22159 Hamburg
Bus 171/368 bis Rönkkoppel
040 60849791
www.struppi-co-hundeschule.de

HUNDESCHULE TEAM AUF 6 PFOTEN

Wie Hundetrainerin Sabine zu ihrem Beruf kam? Durch ihren Dobermann-Mischling Max! „Er war nie ein einfacher Hund und einer meiner wertvollsten Lehrmeister“, sagt Sabine, die seit 2009 als mobile Hundeschule Welpentraining, Junghundgruppen, Einzelstunden für Problemhunde sowie Prüfungen zur Leinenbefreiung anbietet. Ihr Training findet bevorzugt in Altona und Umgebung statt; für Einzeltraining kommt Sabine nach Hause.

Ostfalenweg 3, 22453 Hamburg
Bus 191 bis Grotkoppelweg
0176 61376437
www.teamaufsechspfoten.de

HUNDESCHULE ZERRSPIEL

Alexandra Ußmant ist eine echte Hundeflüsterin und tut alles, damit auch ihre Kunden zu welchen werden. Die Trainerin aus Hamburg-Langenhorn vermittelt in ihren Kursen die Grundlagen gewaltfreier Erziehung und hilft dabei, den Hund (wieder) zu verstehen. Oftmals haben sich Probleme nur aufgrund von Fehlern in der Kommunikation eingeschlichen, die hier im Einzel- oder Gruppentraining beseitigt werden. Trainerin Alexandra nimmt sich dabei viel Zeit für ihre Kunden.

Anita-Sellenschloh-Ring 65, 22417 Hamburg
Bus 192 bis Klinikum Nord (Heidberg)
0174 6347602
www.hundeschule-zerrspiel.de

KÜSTENSCHNUTEN

Problemen vorbeugen, schwierige Situationen auflösen oder Stabilisierung nach einem Trauma? Gülay von den “Küstenschnuten” bietet Hundehaltern in jeder Situation eine Vielzahl an

Lösungsmöglichkeiten. Mit viel Fingerspitzengefühl und Empathie für Hunde und ihre Menschen schafft sie es, mehr Gelassenheit in die Beziehung zum Haustier zu bringen.

Bleickenallee 21, 22763 Hamburg
Bus 1/15/250 bis Bleickenallee (Kinderkrankenhaus)
0177 6420045
www.kuestenschnuten.de

MARTIN RÜTTERS DOGS HUNDESCHULE HAMBURG / DAILY DOGS

Hundeerziehung nach Martin Rütter: Hundetrainerin Monica Pertzsch hat mehrere Jahre bei dem Hundeflüsterer studiert und bietet ihr Training in der Hamburger Hundeschule DailyDogs an. Die Hundeschule DailyDogs verfügt über eine eigene Indoorhalle und bietet neben seinem Erziehungsangebot auch Tages- und Nachtbetreuung, Physiotherapie sowie einen Hundefriseur vor Ort.

Mo-So 9-21 Uhr
Offakamp 25, 22529 Hamburg
Bus 281 bis Jägerlauf
040 57011875
www.martinruetter.com/hamburg

SIGHTHOUND COACH

Trainerin Monika Mosch von „Sighthound Coach“ hat sich beim Training auf eine spezielle Rasse spezialisiert: Sie ist verrückt nach Windhunden und hilft ihren Kunden dabei, diese so besonderen Tiere zu verstehen. Ziel ist eine partnerschaftliche Beziehung, denn wie Monika sagt: „Ein Windhund, der immer an der Leine sein muss, ist wie ein Himmel ohne Sterne.“

Mo-So 8-21 Uhr
Schopstraße 16A, 20255 Hamburg
U2 bis Lutterothstraße
0171 77 35 196
www.sighthound-coach.de

STADTPARKHUND – HUNDETRAINING UND VERHALTENSBERATUNG

Missverständnisse beseitigen und ein besseres Team werden – Hundetrainerin Randi Naujoks arbeitet gemeinsam mit Hund und Halter an einem besseren Verhältnis. Im Hamburger Stadtpark bietet Randi ein individuelles Training, das auf Tier und Mensch zugschnitten ist. So lassen Fortschritte nicht lange auf sich warten.

Ohlsdorfer Straße 66, 22297 Hamburg
Bus 20/26 bis Ohlsdorfer Straße (Planetarium)
0178 6964488
www.stadtparkhund.de

WILDE SCHNAUZEN

Viel Lob statt Schreien und Schimpfen – der mobile Hundetrainer Mario von “Wilde Schnauzen” setzt bei der Hundeerziehung ganz auf positive Verstärkung. Hundebesitzer lenken hier die Aufmerksamkeit durch Leckerlis auf sich und üben so Grundkommandos und Abrufbarkeit ohne Leine. Dabei ist Mario sehr einfühlsam und schafft es so, seinen Kunden die Welt aus Hundesicht zu zeigen. Er kommt nach Hause, trainiert wird meist auf Grünflächen in der Umgebung.

Mo-Fr 10-19 Uhr
20149 Hamburg
0178 7148702
www.wildeschnauzen.de

GASSISERVICE

ALSTERPFOTEN

Langeweile ade – schon seit acht Jahren befreit Jennifer von Alsterpfoten Hamburg unfreiwillige Stubenhocker aus der Wohnung und nimmt sie mit auf Entdeckungstour. Ihre Schützlinge behandelt sie wie Familienmitglieder – dafür gibt es so manches dankbare Schlecken über die Hand. Die Hunde werden abgeholt und wiedergebracht.

Haubenlerchenweg 32, 22399 Hamburg
040 79699311
www.alsterpfoten.de

SHOW BAR

Schönes Hundeleben auf dem Kiez

Mini und KO sind American Bullys und im Herzen von St. Pauli zuhause. Ihre Lieblingsbeschäftigung: mit Herrchen Kolja und Frauchen Jenny auf dem Sofa kuscheln

Sie gehören derselben Hunderasse an, sind aber dennoch grundverschieden: Während der sechseinhalbjährige KO (sprich Key-O) ein gemütlicher Typ ist und sich nur bewegt, wenn es unbedingt sein muss, ist Hündin Mini, 1½, am liebsten immer in Action. Für sie kann es gar nicht turbulent genug zugehen!

Das Leben auf dem Kiez bringt jedoch für beide viel Spannendes mit sich. Schließlich gibt es hier unendlich viel zu entdecken und zu erschnüffeln – für Herrchen Koljas Geschmack allerdings zu wenig Grünflächen. Er und Lebensgefährtin Jenny müssen beim Gassigehen immer viel Weitblick und Aufmerksamkeit an den Tag legen. Vor Gefahren wie Scherben, alkoholisierten Menschen oder deren Hinterlassenschaften müssen die Vierbeiner schließlich geschützt werden – leider sind sie in den Straßen um die Reeperbahn an der Tagesordnung.

Hart, aber herzlich: Mini und KO sind freundliche Zeitgenossen. Wird Rüde KO von Fremden angefasst, kann er dennoch schon mal aus der Haut fahren und laut werden. In der Familie dagegen gibt es niemals Probleme – da sind die beiden völlig unkompliziert. Gehen eigentlich auch Kiezhunde in die Hundeschule? Aber ja! KO war im zarten Hundealter dort, Mini drückt mit ihren eineinhalb Jahren noch heute wöchentlich die Hundeschulbank und muss regelmäßig Hausaufgaben erledigen. Fahren Kolja und Jenny mal in die Ferien, ziehen ihre beiden vierbeinigen Mitbewohner für einige Tage oder Wochen zu Eltern oder Geschwistern. Was durchaus ein Grund zur Freude ist – dort genießt das Hundegespann nämlich alle Narrenfreiheit und bekommt so viele Leckerlis wie sonst nie!

„Wie überall gibt es auch bei unseren Hunden mal kleine Ungereimtheiten. Hin und wieder muss KO sich seinen Freiraum von Mini erstreiten."

Kolja

„Grundsätzlich sind beide sehr sozialverträglich. Wohl jeder Hund kann aber auch mal einen anderen Hund nicht riechen: So ist es bei uns auch."

Kolja

Mini liebt es unterwegs zu sein – KO lässt es gern etwas ruhiger angehen

Nicht nur für Menschen, sondern auch für Hunde ist das Kiezleben aufregend. Es gibt so viel zu sehen!

ANKES GASSI SERVICE

Jedes Mal etwas Neues entdecken? Ab zu Ankes Gassiservice! Die professionelle Hundebetreuerin kümmert sich um Hunde rund um Eimsbüttel und begibt sich mit der bunten Truppe immer wieder an neue Ziele: zum Elbstrand, an die Alster oder ins Grüne in das Hamburger Umland.... Langeweile kommt hier für die Vierbeiner ganz sicher nicht auf. Bei Ankes Gassiservice ist ein Bring- und Abholservice inklusive.

Quedlinburger Weg 4, 22455 Hamburg
0179 2309954
www.ankes-gassi-service.de

BERGEDOG

In Bergedorf kann man nicht nur wunderbar im Grünen spazieren und toben gehen – ist Hundefreundin Laurene Ludwig von Bergedog dabei, geht noch viel mehr. Laurene bietet neben der Hundebetreuung nämlich auch Leistungen wie Trimmen, Haare schneiden und Zahnpflege an. Hat der Halter mal keine Zeit, geht sie mit dem Vierbeiner auch gern zum Tierarzt.

Weidenbaumsweg 128, 21035 Hamburg
0175 8675917
www.bergedog.de

FRECHDACKEL

In alsternahen Stadtteilen wie Eppendorf, Winterhude oder Uhlenhorst erleichtert Dogwalkerin Kristina Berufstätigen das Leben und bringt kleine bis mittelgroße Vierbeiner ordentlich in Bewegung. Zusammen mit ihrem Mischlingshund Oskar entführt sie ein Rudel von bis zu sechs Betreuungshunden auf mehrstündige Spaziergangstouren an verschiedene Orte in Hamburg. Für die Hunde natürlich ein großer Spaß!

Dreistücken 7, 22297 Hamburg
0172 2551681
www.frechdackel.de

GASSIKOWSKI

Wohin geht's wohl heute? Das fragen sich Hunde, die mit Christina Thiele von Gassikowski unterwegs sind. Die Hundebetreuung aus Eimsbüttel zeigt ihrem Rudel auf mehrstündigen Erkundungsrouten täglich neue, abwechslungsreiche Plätze außerhalb der Stadt. Damit Christina und ihre Mischlingshündin Zini ihre Gäste ganz genau im Blick haben, sich alle vertragen und Stresssituationen vermieden werden, sind ihre Gruppen auf maximal fünf Hunde begrenzt.

Hartwig-Hesse-Straße 3, 20257 Hamburg
U2 bis Lutterothstraße
0151 61457273
www.gassikowski.de

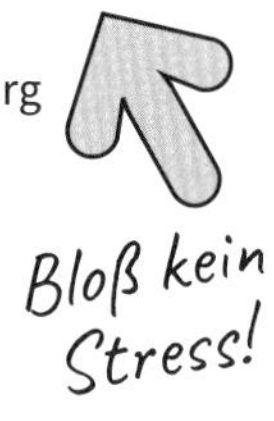

HAMBURGER HUNDEGLÜCK

Wie man den Hund und seinen Menschen so richtig glücklich macht? Mit einem Besuch bei Daria vom Hamburger Hundeglück! Ob Dogwalking, Erziehungstraining oder Verhaltensberatung – Daria kann immer helfen und findet in ihren Trainingsstunden mit ihrer empathischen Art auch zu schwierigen und aggressiven Hunden fast immer einen Draht. In ihren Gassigruppen achtet sie darauf, dass das Rudel harmoniert und führt es zu großen Runden im Park oder an der Elbe aus.

Barnerstraße 6, 22765 Hamburg
S1/S11/S2/S3/S31/Bus bis Altona
0179 6786048
www.hamburgerhundeglueck.de

HUNDEFREIZEIT

Einen ganzjährigen Gassiservice für Hamburg und Schleswig-Holstein bietet HundeFreiZeit. Seit 14 Jahren sammelt Hundebetreuerin Stephanie ihre Gäste morgens im sicheren Transporter ein und bietet ihnen lange Spaziergänge und Spaß im Rudel. Halter freuen sich, dass sie ihren Hund in Notfällen auch mal später am Abend abholen können – hier wird alles ganz individuell geregelt. Keine Ganztagsbetreuung.

Grüner Weg 69, 22851 Norderstedt
0172 4059558
www.hundefrei-zeit.de

PFOTENKUMPEL

Ein Hundeausführservice mitten in der Stadt: Farina

Mancino wählt das jeweilige Ausflugsziel je nach Neigung der Hundegruppe. Ist es zum Beispiel warm, geht's ans Wasser, sind viele ältere Hunde dabei, geht es zu einem riesigen eingezäunten Gelände, auf dem ungestüme Junghunde richtig toben und die älteren Semester gemütlich schnuppern oder Siesta halten können. So kommen alle auf ihre Kosten!

Schlüterstraße 48,
20146 Hamburg
0176 23718183
www.pfotenkumpel.de

WHO LET THE DOGS OUT

Seinen Standort hat „Who let the Dogs out" in Barmbek – abholen und zurückbringen tut der Gassi-Service den Hund zuhause. Besonders viel Wert wird auf die Zusammenstellung eines harmonischen Rudels gelegt. Während der Spaziergänge wird gespielt, gerannt, geschnüffelt – nach zwei Stunden geht's dann glücklich wieder nach Hause. Was will Hund mehr!

0176 30660116
www.who-let-the-dogs-out.de

TAGES- / URLAUBS-BETREUUNG

ANNES HUNDEBETREUUNG

Die meisten Hundebetreuungen nehmen vorzugsweise Hunde auf, die auch ohne Leine abrufbar sind. Nicht so Annes Hundebetreuung: Bei Anne ist ausnahmslos jeder sozial verträgliche Hund eingeladen, sich mit ihr auf Gassitour zu begeben. Klappt es noch nicht so mit dem Gehorsam, übt die Hundesitterin gern auch die Leinenführigkeit. Damit Anne jedem ihrer Schützlinge gerecht werden kann, bestehen Gruppen bei ihr aus maximal sechs Hunden. Abholgebiete: Bahrenfeld, Altona, Ottensen, Othmarschen, Osdorf, Groß Flottbek, Nienstedten und Blankenese.

Regerstraße 22, 22761 Hamburg
0162 6666638
www.annes-hundebetreuung.jimdosite.com

CONNYS HUNDEPENSION

Ein traumhaftes Haus und ein grüner Garten mit Bänken, die zum Faulenzen einladen. Dazwischen immer wieder Streicheleinheiten von einer freundlichen Hand, die einen verwöhnt... Wenn man sich Connys Hundepension im grünen Bramfeld so anguckt, möchte man am liebsten selbst Hund sein! Hier gibt es Tages- und Urlaubsbetreuung, je nach Wunsch mit Abhol- und Bringservice. Vorab nimmt Conny sich ausreichend Zeit zum Kennenlernen.

Sperbertwiete 9, 22175 Hamburg
Bus 27 bis Grootmoor
040 6403882
www.hundetagesmutter-hamburg.de

DAILY DOGS

Die Hamburger Hundeschule Daily Dogs bietet ein Rundumpaket aus Erziehung, Hundefriseur, Physiotherapie und Tages- und Urlaubsbetreuung an. Vor dem ersten Aufenthalt gibt es eine Schnupperstunde, damit Hundebesitzer sich auch sicher sein können, dass sich ihr Hund sich auch wirklich wohlfühlt.

Offakamp 25, 22529 Hamburg
Bus 281 bis Jägerlauf
040 57011875
www.daily-dogs-hamburg.de

DAS REVIER HUNDEKINDERGARTEN-HAMBURG

Wer kennt ihn nicht – diesen vorwurfsvoll-enttäuschten Blick, wenn man morgens zur Arbeit aufbricht? Zum Glück gibt es Hundetrainer Berit und Rouven vom Hundekindergarten Hamburg und ihr rund zwei Hektar großes, eingezäuntes Privatgrundstück am Rande der Stadt. Dort können sich Hunde unter Beaufsichtigung ganz nach Herzenslust austoben, nachdem sie von dem Sitter-Paar zu Hause abgeholt wurden.

Große Straße 4, 21465 Reinbek

0174 3171452

www.hunde-kindergarten-hamburg.de

DOGLAND

Ein Hundekindergarten ist das Dogland in Altona. Die Räume der Hundebetreuung befinden sich in einem alten Kindergarten, in dem sich nun täglich von 7 bis 18 Uhr eine bunt gemischte Hundetruppe austobt. Selbstverständlich geht es aber auch nach draußen auf Spaziergänge zum Elbstrand, zum Altonaer Balkon oder auf Hundeauslaufflächen in der Umgebung. Auch Hunde mit gesundheitlichen Problemen sind hier sehr willkommen und werden individuell umsorgt.

Blücherstraße 37, 22767 Hamburg

S1/S2/S3 bis Königstraße

040 38654265

www.dogland-hamburg.de

DOGS AND THE CITY

Bei Dogs and the City findet jeder Hundehalter das passende Angebot für sich und seinen besten Freund: Hunde werde hier den ganzen Tag über liebevoll umsorgt und können sich auf einer Freilaufwiese außerhalb von Hamburg austoben. Abends geht es dann wieder zurück in die Stadt. So ein Tag bei Dogs and the City macht jedem Vierbeiner Spaß!

Gottschedstraße 9, 22301 Hamburg

U3 bis Borgweg

040 83981896

www.dogs-and-the-city.de

ELBREVIER

Bei dieser liebevollen Hundebetreuung kann wirklich jeder etwas lernen: Cathrin Weinrich vom Elbrevier in Hamburg-Rahlstedt ist studierte Verhaltensbiologin, Umweltpädagogin und Tierpsychologin. Als solche legt sie in ihrer Hundebetreuung auf einem rund 4.000m2 großen Areal Wert auf eine artgerechte Behandlung. So arbeitet sie statt mit Strafen mit positiver Verstärkung. Die ethisch basierte Hundebetreuung richtet sich dabei auch an den Halter, dem eine faire, artgerechte Haltung ans Herz gelegt wird.

Aumühler Weg 50, 22149 Hamburg

Bus 11/35/163 bis Geesthachter Weg

0160 99149375

www.elbrevier.de

HUNDEHOTEL HEIN

Zwinger, was ist das? Im Hundehotel Hein leben die vierbeinigen Gäste direkt mit den Betreibern zusammen. Gespielt und geschlafen wird in Wohn- und Gästezimmern, in der Küche und im Flur. So fühlt sich auch der schüchternste Hund willkommen! Das Hundehotel kooperiert mit dem Betreuungsservice Dogs and the City, der die Hunde auf Wunsch per Shuttle aus Hamburg Winterhude zum Hundehotel bringt und abends wieder mit zurücknimmt.

Immenstedter Straße 32, 25782 Süderdorf

04838 7054990

www.hundehotel-hein.de

HUNDESTUBE HAMBURG

Zentraler geht's kaum: In der Bürgerweide in Hamburg Mitte kümmert sich die Hundestube tage- oder wochenweise um unsere liebsten Vierbeiner. Hunde treffen hier auf Artgenossen und leben in geregelten Strukturen aus festen Gassizeiten, Ausflügen ins Grüne und Toben auf der eigenen Freilauffläche. Dazu gibt es natürlich auch noch jede Menge Liebe und Streicheleinheiten.

Bürgerweide 36, 20535 Hamburg
U1/U3 bis Lübecker Straße
040 2501075
www.hundestube-hamburg.de

IM AUFTRAG HUND

Tagesbetreuung oder Urlaubsbetreuung? Anja Drewes bietet beides – und beweist dank ihrer Qualifikationen als Problemhundtherapeutin, als Gebrauchshundeausbilderin, als Tierhomöopathin und als Tier-Physiotherapeutin immer ein gutes Händchen mit ihren Schützlingen. Ihre Gäste integriert Anja voll und ganz in ihre Familie. Tageshunde werden abgeholt und zurückgebracht, Pensionshunde müssen selbst gebracht werden.

Reitbrooker Westerdeich 1, 21037 Hamburg
Bus 321 bis Allermöhe Kirche
0163 4086523
www.im-auftrag-hund.de

JOB'S TIERHOTEL

Wer da wohl den besseren Urlaub hat – der Hund oder seine Menschen? In Job's Tierhotel in Buchholz bleiben für das Haustier keine Wünsche offen. Hier schläft der Hund in liebevoll eingerichteten Zimmern, die maximal zu zweit bewohnt werden. Tagsüber wird draußen gespielt, getobt und feste Ruhezeiten gibt es auch. Eine tageweise Betreuung ist ebenfalls möglich.

Königsgrund 2, 21244 Buchholz
04181 6152
www.jobs-tierhotel.de

KLEINES LANDHAUS-HUNDEHOTEL HAMBURG

Ein Hundeparadies in der Nähe Hamburgs, mitten im Grünen? Die Fahrt nach Struvenhütten in Schleswig-Holstein lohnt sich immer, wenn mal ein längerer Urlaub ansteht. Hier beherbergt Sabine Schmidt in ihrer Hundepension ausschließlich kleine Hunde und verwöhnt sie nach allen Regeln der Kunst. Der Wohlfühlfaktor ist dort so hoch, dass Sabines Gäste mitunter gar nicht mehr gehen wollen.

Mühlenstraße 22, 24643 Struvenhütten
0172 5216292
www.hunde-pension-hamburg.de

KOMPASS HUND

Nicht einfach nebeneinander herlaufen, sondern als eingespieltes Team agieren: Das bringt Sarah Feist von Kompass Hund ihren Klienten bei. Die empathische Hundebetreuerin bietet Beratungen in Hundeerziehung und geht dabei individuell auf jeden Hund ein. Wenn konkreter Betreuungsbedarf besteht, nimmt Sarah Vierbeiner auch tageweise oder über den Urlaub im familiären Umfeld bei sich auf.

Nordalbingerweg 26, 22455 Hamburg
U2 bis Niendorf Nord
0174 6100987
www.kompass-hund.com

LEINENLOS

Der Name ist Programm: Bei den netten Mädels von Leinenlos in Eimsbüttel können Hunde sich in den schönsten Freilaufgebieten der Umgebung nach Herzenslust austoben. Voraussetzung zur Aufnahme ist deshalb, dass der Hund abrufbar ist. Klappt das noch nicht, gibt es bei der Chefin und studierten Tierpsychologin auch Hundetraining.

Wrangelstraße 99, 20253 Hamburg
Bus 20/25 bis Kottwitzstraße
040 69278938
www.leinenlos-hamburg.de

MEIN TIERHOTEL

„Bei Freunden zuhause": Das Motto des Hauses entspricht der Stimmung. Gasthunde leben hier mit den eigenen Hunden im Haupt- und Nebenhaus – Zwingerhaltung gibt es nicht. In großen Ausläufen wird gespielt, im hohen Gras nach Herzenslust geschnüffelt. Damit jeder Hund auf seine Kosten kommt und seiner Lebensphase gemäß beschäftigt

wird, werden ältere und jüngere Hunde getrennt betreut. Auf Wunsch auch Shuttle-Service.
📍 OT Stadorf 11, 29593 Schwienau
📞 05822 8534215
www.mein-tierhotel.de

PFÖTCHENMOTEL

Kleine Hunde ganz groß: Das Pfötchenmotel Hamburg nimmt ausschließlich kleine Hunde bis 30 Zentimeter Höhe zur Betreuung auf. So können Herrchen und Frauchen sicher sein, dass ihr Liebling nicht untergebuttert oder beim Spielen mit größeren Hunden sogar verletzt wird. In Ausnahmefällen dürfen Hunde auch mal über Nacht bleiben.
📍 Ahrensburger Straße 162, 22045 Hamburg
🚌 Bus 9 bis Nordmarkstraße
📞 0157 73539291
www.pfoetchenmotel-hamburg.de

STADT MENSCH HUND

Hundetrainingsstätte und Hundehotel: „Stadt Mensch Hund" ist beides. Tiere, für die eine Einzelberatung oder ein Gruppentraining gebucht ist, können hier als Tagesgast oder über längere Zeiträume hinweg einchecken. In familiärem Rahmen im eigenen behaglichen Zimmer bekommt der Hund sein gewohntes Futter, ganz viele Spielstunden auf den Außenflächen und jede Menge Streicheleinheiten. Vor dem ersten Betreuungstermin gibt es immer einen Probeaufenthalt.
📍 Kuhlworth 35, 25436 Neuendeich
📞 04122 8453183
www.stadt-mensch-hund.de

THE DOG HOUSE

Den Hund während des Urlaubs woanders hinzugeben, fällt nicht leicht – es sei denn, man bringt ihn ins Dog House nach Schenefeld. Das Hundehotel mit großzügigem Hof ist eine echte Wellnessoase. Die Unterbringung erfolgt im familiären Umfeld, es gibt regelmäßige Spaziergänge und feste Spielzeiten.
📍 Dannenkamp 16, 22869 Schenefeld
📞 040 58965817
www.the-dog-house.de

TRAVE DOGS RESORT

Wenn Hunde Menschen wären... dann wäre dieses Hundehotel in der Nähe von Hamburg ein Luxus-Wellness-Resort. Das Hotel im ländlichen Schackendorf bietet seinen vierbeinigen Gästen ein rund 7.000 m2 großes Grundstück zum Spielen, Entspannen, Toben und Faulenzen. Hundehotelbesitzerin Nina Baier ist Tierärztin und nimmt auf besonders pflegebedürftige Gäste ganz viel Rücksicht.
📍 Heidkoppelweg 1, 23695 Schackendorf
📞 04551 5329625
www.trave-dogs-resort.de

Luxus für Vierbeiner

TROLLHOUSE

Für Berufstätige und Leute, die einfach mal stressfrei shoppen gehen möchten oder einen anderen Termin haben, bei dem der Hund fehl am Platz ist, gibt es das Trollhouse Hamburg. Vormittags geht man in dieser Hundetagesstätte ausgiebig spazieren – das Revier erstreckt sich dabei vom Kupferteich über die Boldwiesen und den Bredenbeker Teich bis zur Horner Rennbahn. Danach wird dann unter wachsamen Augen im Garten weitergetobt. Kein Wunder, dass Hunde sich hier wohlfühlen ...
📍 Bullenbarg 3, 22145 Hamburg
🚌 Bus 24 bis Saseler Straße
📞 0174 8390908
www.trollhouse-hamburg.de

WEST END DOGS

„Was für ein schöner Tag!" So klänge vermutlich der zufriedene Seufzer eines Hundes, der von morgens bis abends vom Team der West End Dogs betreut wurde. Hier gibt es alles, was Hund und Herrchen oder Frauchen glücklich macht: einen Hol- und Bringservice, täglich zwei etwa 2-stündige Spaziergänge, ein gemütliches Hundemobil und ganz viel Auslauf im Wald, am Strand oder an anderen traumhaften Orten. Alle sozialverträglichen Hunde sind willkommen.
📍 Theodorstraße 42, 22761 Hamburg
📞 0176 80085200
www.westenddogs.de

Das sagt der EXPERTE

Ordnungshüter auf vier Beinen

Diensthundeführer Dennis Krischker ist der „Chef" von Diensthund Bosko. Seit zweieinhalb Jahren sind die beiden ein unschlagbares Team!

Das ist ja ein beeindruckender Hund! Wie heißt er denn und was sind seine Aufgaben?
Bosko ist ein Schutzhund – das heißt, er kann Personen oder Gegenstände in Objekten oder im freien Gelände aufstöbern, flüchtige Straftäter stellen oder auch Angriffe vereiteln. Gemeinsam mit mir wird er im Objektschutz oder bei Einsätzen wie Fußballspielen oder Demonstrationen eingesetzt oder geht auf Präsenzstreife. Von daher ist er ein ganz wichtiger Helfer!

Wo werden Hunde wie Bosko ausgebildet? Und wie lange hat seine Ausbildung gedauert?
Für die Ausbildung ist die Diensthundeschule in Altengamme zuständig. Das Training findet immer im Team aus Mensch und Hund statt. In der Schule wird auch entschieden, welcher Hund zu welchem Polizisten passt. Die Ausbildung dauert dann 16 Wochen. Im Herbst gibt es für uns einen weiteren Lehrgang, bei dem geprüft wird, für welche Einsätze Bosko möglicherweise sonst noch geeignet wäre. Vielleicht ist er ja zum Beispiel als Sprengstoffsuchhund oder als Rauschgiftsuchhund einsetzbar! Bis dahin arbeiten wir aber weiterhin erstmal wie gewohnt im Team im Wechselschichtdienst und unterstützen hamburgweit.

„Zuhause ist Bosko ein ganz normaler Hund. Nur dass er, anders als andere Hunde, eben einen Beruf hat."

Dennis Krischker

Wo lebt denn Bosko?
Bei mir zuhause – da trägt er auch ein anderes Halsband als hier bei der Arbeit. Wenn ich ihn mal richtig auspowern möchte, gehen wir im Wald spazieren, joggen oder machen Bikejöring. Manchmal gehen wir auch auf den Hundeplatz oder machen Gehorsamsübungen, die ihn ebenfalls auslasten.

Welche Rassen eignen sich besonders gut für den Polizeidienst?
Bei der Polizei Hamburg werden hauptsächlich Deutsche Schäferhunde und die etwas aktiveren Belgischen Schäferhunde

(Malinois) eingesetzt. Bosko ist ein Belgischer Schäferhund. In Billstedt hat er schon mal einen Autodieb aufgespürt: Ein Auto wurde geklaut, der Täter ist geflüchtet und der Hund hat ihn unter einem Gebüsch gefunden. Dann ist er vor ihm sitzen geblieben und hat lange und laut böse gebellt. Vor Bosko hatte ich einen anderen Hund – der hat sogar drei Straftäter aufgespürt.

Worauf muss man im Umgang mit einem Polizeihund achten?
Man sollte nicht ruckartig auf ihn zugehen und sich auf ihn stürzen – man kann nie voraussagen, wie der Hund in so einem Fall reagiert. Bosko zum Beispiel darf nur angeleint spazieren gehen. Wenn er im Einsatz etwas aufspüren muss, kommt er natürlich von der Leine.

Kann man mit ihm auch kuscheln?
Ich schon. Andere besser nicht.

„Diensthunde müssen perfekt gehorchen können. Das ist absolut entscheidend."

Dennis Krischker

Darf Bosko mit anderen Hunden spielen?
Er hat eine Hundefreundin, ein anderer Diensthund aus der Hundestaffel – mit ihr darf er toben. Ansonsten mag ich es nicht so gern, wenn ich mit Bosko spazieren gehe und unangeleinte Hunde, die nicht auf ihre Besitzer hören, auf ihn zugerannt kommen.

Gehen Diensthunde irgendwann in Rente?
Regeln gibt es dafür nicht. Einmal jährlich findet eine Jahresüberprüfung statt, auf der Hund und Mensch immer eine Übung erhalten, die sie lernen sollen. Dort wird auch gecheckt, ob der Hund noch diensttauglich ist. Ist das nicht der Fall, geht er tatsächlich „in Rente", verbringt dann seinen Lebensabend privat bei seinem Halter oder wird weitervermittelt.

Beauty

Körperpflege ist auch bei Hunden ein Thema. Hundebesitzer in Hamburg und Umgebung können ihre Vierbeiner einer Vielzahl von Beauty-Spezialisten anvertrauen – und sie dann auch noch von einem Profi in Szene setzen lassen

WE
ARE A
IN THI
TOGETHE

Strandpartie mit Herrmann und Nils

Jesta und Ina trifft man stets in charmanter Begleitung: Ohne Grand Vendéen Griffon Nils und Dackel-Terrier-Mix Herrmann geht gar nix

Was für ein hübsches Quartett! Wenn Jesta und Ina mit Nils, 7½, und Herrmann, 2, an der Elbe spazieren gehen, kriegt man schon vom Zuschauen gute Laune. Die beiden Hunde sind aber auch ein tolles Gespann: Während der große Nils souverän und sehr entspannt ist, und grundsätzlich nur das tut, was er auch selbst will, ist Herrmann wild und völlig angstfrei – ein kleiner Punk, wie Jesta sagt. Er wühlt sich gern in Mäuselöcher oder Kaninchenbauten, hält sich aber sonst am liebsten immer da auf, wo Nils gerade ist, den er von Herzen liebt.

Der Elbstrand ist das bevorzugte Revier der beiden Vierbeiner: Zum Glück drehen auch Jesta und Ina ihre Gassirunden gern am Wasser. Hier verlockt die Hundenase der fantastische Duft nach Möwen, Petroleum und Fischbrötchen – eine Mischung, die es so natürlich nur in Hamburg gibt.

Frischluft macht ausgeglichen: Auf Nils und Herrmann trifft das auf jeden Fall zu! Nach einem Morgenspaziergang, der mindestens eine oder zwei Stunden in Anspruch nimmt, dürfen die beiden dann Jesta in ihr Büro in der Design Factory begleiten. Dort verbringen sie einen gemütlichen Tag – verwöhnt mit unzähligen Streicheleinheiten von allen anwesenden Mitarbeitern.

Für noch mehr Wohlbefinden sorgen bei Herrmann und Nils regelmäßige Beauty-Sessions: Fellpflege und Krallenstutzen sind bei ihnen immer mal wieder angesagt! Blitzesauber und frisch geföhnt kommen sie danach nach Hause und präsentieren sich in ganzer Hundeschönheit. Die hält dann auf jeden Fall bis zum nächsten wilden Spaziergang am Ufer der Elbe …

Nils ist in Jesta und Inas Hundegespann der Ruhige. Herrmann zeigt sich da deutlich forscher...

„Nils ist stur wie ein Esel, unbestechlich und sehr entspannt. Eine alte Seele."

Jesta

„Himmel, Wasser, Strand – am Elbufer fühlen wir uns alle total wohl."

Jesta

Unsere Tipps

Hundefriseure und -fotografen mit Herz

HUNDEFRISEUR

FELLBUDE HAMBURG

Scheren, schneiden, trimmen, Krallen pflegen und das bitte in einer Atmosphäre, in der sich Hund und Mensch wohlfühlen? Ab nach Lokstedt zur Fellbude! Friseurin Rena versteht es, die Herzen von Vierbeinern zu erobern und ihr Vertrauen zu gewinnen. Dazu gehört auch, dass Hundehalter bei ängstlichen Hunden während der Behandlung mit dabei sein dürfen.

Mo-Fr 8-17 Uhr, Sa-So nach Terminvereinbarung
Offakamp 25, 22529 Hamburg
Bus 281 bis Nedderfeld Center
0172 3001777
www.fellbude-hamburg.de

FELLFIT, DER HUNDESALON

Vitamine für mehr Glanz: Richtige Pflege fängt innen an! Stumpfes Fell und Haarausfall sind nicht selten Folgen einer nährstoffarmen Ernährung. Deshalb bietet der Norderstedter Hundesalon Fellfit nicht nur klassische Leistungen wie Schneiden, Scheren und Trimmen, sondern berät zudem in Futterfragen. Besitzer Olaf hat selbst drei Shih Tzus, die allesamt natürlich top- oder eben fellfit sind.

Mo 12-18 Uhr, Di-Fr 10-18 Uhr (mit Terminvereinbarung)
Wiesenstraße 34, 22850 Norderstedt
Bus 178/393 bis Garstedt, ARRIBA-Bad
040 53008786
www.fellfit.de

FELLMONSTER

Ein Beautyprogramm in den eigenen vier Wänden: Die professionelle Hundepflege Fellmonster aus Hamburg-Schnelsen führt, mit Schere und Kamm bewaffnet, seit 2013 Hausbesuche durch. In gewohnter und stressfreier Umgebung können Hunde dem Prozedere aus Ausbürsten, Unterwolle entfernen, Trimmen, Kämmen und Co. so ganz entspannt entgegensehen. Perfekt für alle Vierbeiner, die sonst nur ungern stillhalten oder Berührungsängste haben.

Termin nach Vereinbarung
Oldesloer Straße 203e, 22457 Hamburg
040 5533003
www.fellmonster.net

HAMBURGER HUNDEFRISEUR

„Toll – endlich mal eine Friseurin, die mir die Angst vor der Behandlung nimmt!", „Toll – endlich sieht mein Hund wieder gepflegt aus und hinterlässt nicht mehr sein halbes Fell auf dem Teppich!" Über einen Besuch beim Hamburger Hundefriseur, einem Salon im Westen der Stadt, freuen sich Hund und Halter gleichermaßen. Vom Baden bis zur Zahnpflege gibt es hier sämtliche Beauty-Leistungen – selbstverständlich nach einer individuellen Beratung, in der auf alle Unverträglichkeiten und Besonderheiten eingegangen wird.

Termin nach Vereinbarung
Grete-Nevermann-Weg 22, 22559 Hamburg
S1 bis Rissen
0160 90373890
www.hamburger-hundefriseur.de

HAPPY BELLO

Ein weißes Haus mit Garten im grünen Rahlstedt – schon wenn man den Weg zum Salon Happy Bello entlanggeht, möchte man hier gern eine Weile bleiben. Hat der Hund dennoch Probleme in der fremden Umgebung, bietet der Hundefriseur gegen Aufpreis einen Hol- und Bring-Service an. Wobei Tier und Halter dann leider der integrierte Shop im Salon entgeht: Hier gibt es eine schöne Auswahl an Pflegeprodukten, Decken, Halsbändern und allem, was man so braucht, damit Bello auch wirklich „happy" ist.

Termin nach Vereinbarung
Wolliner Straße 55, 22143 Hamburg
Bus 168/368 bis Kohövedstraße
0152 07093083
www.happybellohamburg.de

HUNDEFRISEUR FELLSACHE

Pflege für das Fell zu fairen Preisen – der Hundefriseur „Fellsache" in der Marschnerstraße in Barmbek-Süd begeistert Hund und Herrchen gleichermaßen. Kein Wunder, denn Inhaberin Simone tut wirklich alles, damit ein Besuch bei ihr in guter Erinnerung bleibt. Dazu gehört, dass sie absolut ohne Zwang arbeitet und auf ängstliche Hunde besonders empathisch eingeht. Neben Pflegeleistungen bietet der Hundefriseur auch eine allgemeine Gesundheitskontrolle.

Termin nach Vereinbarung
Marschnerstraße 30, 22081 Hamburg
U3 bis Hamburger Straße
0171 2187908
www.hundefriseur-fellsache.de

HUNDEFRISEUR WILHELMSBURG

Warum es Hundehalter nach Wilhelmsburg zieht? Da wäre natürlich der Inselpark, der sich für lange Spaziergänge im Grünen anbietet. Dann gibt es im Stadtteil aber auch noch den Hundefriseur Wilhelmsburg, in dem die tierliebe Bete Peleikis Hundepflege jeder Art anbietet. Alle Leistungen werden hier individuell auf den Hund abgestimmt und reichen von Augen- und Ohrenpflege bis zum Entfilzen.

Termin nach Vereinbarung
Finkenschlag 14, 21109 Hamburg
Bus 13/34/351/355/640 bis Kirchdorfer Straße (Museum Elbinsel)
0176 49253230
www.hundefriseurwilhelmsburg.de

HUNDEPFLEGE BRUSE

Ein Laden, in dem man sich schon beim Betreten gut fühlt, ist „Hundepflege Bruse" in Barmbek-Süd.

Kommt man durch die Tür herein, hat man erst einmal viel zu gucken, denn im vorderen Teil befindet sich ein Shop mit außergewöhnlichen Accessoires und Ausstattung für den Hund. Dahinter schließt sich der helle, großzügige Behandlungsraum an. Hier bietet Inhaberin Jutta Bruse seit 1982 Beauty-Anwendungen aller Art und wird auch mit „Zappelhunden" problemlos fertig.

Mo-Do 8-16 Uhr (mit Terminvereinbarung)
Bramfelder Straße 24, 22305 Hamburg
Bus 213 bis Langenrehm
040 293202
www.hundepflege-juttabruse.de

HUNDESALON AM TIERPARK

Auf eine lange Tradition zurückblicken, ohne dabei verstaubt zu wirken? Die Rede ist vom Hundesalon am Tierpark. Bis zu seinem Umzug 2009 nach Lokstedt, machte sich der Friseur und Pflegesalon schon seit über 60 Jahren in Hamburg Uhlenhorst einen guten Namen. Heute wird er auf der anderen Seite der Alster bereits in dritter Generation geführt. Tatjana, Inhaberin und ehemalige Krankenschwester, kümmert sich auch um ängstliche Hunde und erlaubt Haltern, während der Behandlung zuzusehen.

Termin nach Vereinbarung
Willinks Park 8, 22529 Hamburg
Bus 391 bis Grelckstraße
040 2200832
www.hunde-salon.com

schon seit über 60 Jahren

HUNDESALON GABYS FLOTTE HUNDESCHERE

„Wir arbeiten noch mit Herz und Hand" – das schreibt sich der Lohbrügger Hundesalon Gabys flotte Hundeschere groß auf die Fahne und verspricht damit nicht zu viel. Bei Gaby werden nicht nur Hunde besonders liebevoll umsorgt; auf Wunsch kümmern sie und ihre zwei Mitarbeiterinnen sich auch liebevoll um Katzen und Meerschweinchen.

Mo-Do 8.30-18 Uhr, Fr 9.30-16 Uhr (mit Terminvereinbarung)
Dünenweg 38, 21033 Hamburg
Bus 232/534 bis Emilie-Günther-Weg
040 32848549
www.gabys-flotte-hundeschere.de

SALON BEAUTY DOG

In einem Wohngebiet nahe des Tibargcenters in Hamburg-Niendorf liegt der Salon Beauty Dog, in dem seit nunmehr 20 Jahren das Fell vierbeiniger Besucher auf Hochglanz gebracht wird. Damit die Fellpflege jedoch nicht nur Hundehaltern Spaß macht, nimmt Inhaberin Christiane Mundt sich extra viel Zeit. Die ruhige, emphatische Tierfreundin scheut auch nicht vor Welpen oder Hunden aus schwierigen Verhältnissen zurück.

Mo-Di 9-18 Uhr, Do-Fr 9-18 Uhr (Termin nach Vereinbarung)
Tibarg 68, 22459 Hamburg
Bus 191/24/604 bis Fuhlsbütteler Weg
040 58918805
www.salon-beauty-dog.de

Schön von Kopf bis Pfote

Einmal waschen und schneiden, bitte!

DOGing Station ist Hamburgs erste Hundesalon-Kette mit mehreren Standorten. Wir sprachen mit Gründerin Anja Neubert und Nele Hinrichsen

Bei DOGing Station sollen sich Hund und Halter glücklich fühlen – wie schafft ihr das?
Wir setzen auf hohe Pflege- und Qualitätsstandards und achten auf eine Wohlfühlatmosphäre. Unsere Mitarbeiterinnen haben ein ausgesprochen gutes Händchen für ihre vierbeinigen Kunden und gehen auf jedes Tier individuell ein. Wir freuen uns immer wieder, wenn Hund und Mensch glücklich und zufrieden unseren Salon verlassen.

Bei uns Menschen wechselt die Mode ja ständig. Gibt es auch bei Hunden Frisurentrends?
Ja, selbstverständlich gibt es auch in unserer Branche Trends. Aktuell ist zum Beispiel der „Asia Style" mit runden Formen angesagt. Showfrisuren, so wie man sie von Pudeln kennt, sieht man dagegen kaum noch auf der Straße.

Ist der Besuch im Hundesalon Stress oder Wellness für Hunde?
Das ist unterschiedlich. Viele unserer vierbeinigen Kunden sind schon „alte Hasen", was den Besuch beim Hundefriseur angeht und lassen alles ganz entspannt mit sich machen. Andere sind ängstlicher: Der Föhn ist häufig ein ungeliebtes Gerät. Hier ist es wichtig, einfach ruhig zu bleiben. Nach einigen Besuchen geht es dann meist schon viel besser.
Es gibt aber auch Wünsche, von denen uns andere Hundefriseure aus der Branche erzählen, denen wir ganz sicher eine Absage erteilt hätten. Nackthunde nass rasieren wäre da so ein Beispiel. Aber glücklicherweise hatten wir sowas bisher noch nicht.

Wie wird man Hundefriseur?
Leider gibt es da keine Standards, deshalb arbeiten in der Branche zum Teil Leute, die nur einen Wochenendkurs gemacht haben. Das ist natürlich nicht ausreichend! Wir haben uns für unsere Läden die Kooperationspartnerin Anja Reitertisch aus der Hundeschnittschule in Trittau gesucht. Anja bildet seit Jahren systematisch auf sehr hohem Niveau Groomer aus. Bei ihr dauert die Grundausbildung acht Wochen. Danach starten die Junioren bei uns im Salon und werden weiter angeleitet. Erst nach zwei Jahren in der Praxis und weiteren Fortbildungen, zum Beispiel im Bereich der Rassestandards, ist man dann richtig ausgebildet.

Wie geht es mit DOGing Station weiter?
Zur Zeit schauen wir uns nach Flächen für unsere dritte DOGing Station um. Wahrscheinlich geht es jetzt Richtung Hamburgs Nordosten. Optisch soll natürlich auch hier unser Ladenkonzept wiederzuerkennen sein. Trotzdem wird es auch einige individuelle Details geben.

Lappenbergsallee 41, 20257 Hamburg
und Papenhuder Straße 63,
22087 Hamburg
Tel. + Öffnungszeiten (alle Salons):
040 68873580,
Mo-Fr 9-19 Uhr, Sa 10-16 Uhr
www.dogingstation.de

STRUWWELDOG

Gar nicht struwwelig sondern top gestylt und gepflegt verlassen Hunde den Salon struwweldog. Inhaberin und Hundefriseurin Petra Quast hat ein Händchen für Hunde und ist selbst seit über 20 Jahren stolze Hundebesitzerin. Das merkt man an ihrer Art, die immer ruhig, freundlich und souverän ist. Kein Wunder, dass nach der Behandlung Hund und Halter gerne wiederkommen!

Termin nach Vereinbarung
Friedrich-Ebert-Straße 46, 22459 Hamburg
Bus 5/191 bis Bindfeldweg
040 50682881
www.struwweldog.de

STYLE YOUR DOG

Ein beliebter Hundefriseur in der Lüneburger Heide ist der Salon Style your Dog. Besitzerin Gaby ist gelernte Tierheilpraktikerin und versteht es daher besonders gut, perfekt auf die Bedürfnisse von Vierbeinern einzugehen – und auf die ihrer Besitzer, die während der Behandlung bei einer Tasse Tee auf der grünen Terrasse wunderbar entspannen können.

Di-Do 10-18 Uhr, Fr 10-14 Uhr
Hanstedter Landstraße 4, 21376 Garlstorf
04172 987564
www.hundefriseur-ausbildung.com

TAFFY HUNDEPFLEGE UND MEHR

Ein Salon im Hamburger Osten, in dem mit ein bisschen Glück auch kurzfristig Termine möglich sind, ist Taffy Hundepflege und mehr in der Wandsbeker Marktstraße. Inhaberin Katrin Schirrock empfängt ihre Gäste hier so herzlich, dass man ihr sorglos jeden Hund anvertraut. Ihr Pflegeangebot umfasst Leistungen wie Fell schneiden und trimmen, Krallen- und Zahnpflege.

Mo-Sa 8-18 Uhr (mit Terminvereinbarung)
Wandsbeker Marktstraße 169/171,
22041 Hamburg
Bus 8/9/116/608 bis Wendemuthstraße
040 680359
www.taffy.hamburg

WASCHSALON FÜR ALLE FELLE

Mitten in der beliebten Kottwitzstraße im Herzen von Eimsbüttel findet man den Waschsalon für alle Felle. Individualität wird großgeschrieben: Hunde bekommen im Geschäft eine eigens auf sie abgestimmte Pflege, die je nach Felltyp – Locken, raues Haar, Glatthaar, Unterfell – unterschiedlich ausfällt. So geht typgerechtes Styling!

Termin nach Vereinbarung
Kottwitzstraße 46, 20253 Hamburg
Bus 20/25/600 bis Kottwitzstraße
040 35587011
www.waschsalon-fuerallefelle.de

TIERFOTOGRAFEN

FILMTIERHOF

Keine Frage: Der eigene Hund ist für Hundebesitzer immer der schönste. Da liegt der Gedanke natürlich nahe, den Hund in einer Agentur anzumelden – vielleicht wird er ja der nächste Kommissar Rex. Eine der bekanntesten Tieragenturen im Norden ist der Filmtierhof in Lüneburg. Dort merkt man allerdings an: „Nicht nur Hunde müssen für das Business geeignet sein. Auch Halter sollten gewisse Voraussetzungen mitbringen!" Dazu gehört, dass

sie flexibel sind und in jeder Situation entspannt bleiben: Nervosität überträgt sich nämlich auf Hunde. Besonders gefragt sind bei Agenturen deshalb Menschen, die im Hundesport aktiv sind.
Bewerbungen per Mail
Am Burrsood 2, 21354 Bleckede
www.filmtierhof.de

FS BILDPOESIE BY FRANZISKA SACK

Ein gemeinsames Erlebnis mit einer Erinnerung, die man sich gern immer wieder mal anschaut? Das gibt es bei Fotografin und Dressurreiterin Franziska. Auf ihren „Fotowalks" – einem gemeinsamen Spaziergang, auf dem sie shootet – kommt garantiert keine Langeweile auf. Als Andenken gibt es fünf bearbeitete Bilder, die sich sowohl als Wanddeko als auch im Fotoalbum hervorragend machen. Anfragen per E-Mail.
Termin nach Vereinbarung
21465 Wentorf bei Hamburg
www.fs-bildpoesie.de

HEIKE WILLERS PHOTOGRAPHY

Da möchte man so gern ein schönes Foto schießen, aber der Vierbeiner will einfach nicht stillhalten? Für solche Fälle gibt es Tier- und Auftragsfotografin Heike Willers aus Holm. Seit 2012 lichtet sie Hunde und Pferde ab, die sie als echte Tierflüsterin auf ihren Bildern gekonnt in Szene setzt. Je nach Wunsch finden Shootings draußen oder im Studio statt. Anfahrtskosten übernimmt Heike bis zu einer Grenze von 30 Kilometern.
Termin nach Vereinbarung
Holmer Bergweg 3, 25488 Holm
Bus 589 bis Holm, Holmerberg
0179 7611603
www.heikewillers.de

TIERFOTOGRAFIE HAMBURG

Je besser der Draht zum Fotografen, desto schöner die Bilder – was für den Menschen gilt, ist bei Hunden nicht anders! Kein Wunder also, dass die Fotos von Laura Truszkowski von Tierfotografie Hamburg so verzaubern. Die Hamburgerin hat über ihre zwei Katzen den Weg zur Tierfotografie gefunden und ist bei diesem Genre geblieben. Shootings finden im Studio in Wedel oder auch draußen bei einem gemütlichen Spaziergang statt.
Termin auf Anfrage
Am Klingenberg 26, 22587 Hamburg
S1 bis Blankenese
0172 9027309
www.tierfotografie-hh.de

Unbeliebt, aber notwendig: Körperpflege

Wat mutt, dat mutt! Die meisten Hunde sind keine Fans von Beautyprogrammen: Fell, Zähne und Pfoten unserer Vierbeiner sollten dennoch nicht vernachlässigt werden

Nicht nur für die Optik: Fellpflege

Gesundes Hundefell braucht Pflege. Diese sorgt nicht nur für einen hübschen Look, sondern stärkt auch die Bindung zum Tier. Zudem dämmt Fellpflege Haarausfall ein: Der Staubsauger darf also ruhig mal im Schrank bleiben. Das Hundefell behandelt man in drei Schritten:

1. Unterwolle ausbürsten

Bei Unterwolle gibt es etwas mehr zu tun! Sinn des Ausbürstens ist, das Fell von störenden losen Haaren zu befreien. Am besten klappt das mit einem Kamm oder Striegel. Vor allem im Sommer trägt das zum Wohlbefinden des Hundes bei: Loses Fell ist lästig und wärmt bei hohen Temperaturen zusätzlich.

2. Filz entfernen

Filz sorgt dafür, dass das Hundefell nicht richtig belüftet wird: Das kann zu Hautproblemen oder Bakterienbefall führen. Damit sich Filz gar nicht erst bilden kann, sollte das Fell regelmäßig in Strichrichtung gebürstet werden. Lose Haare werden dadurch entfernt und die Durchblutung angeregt. Einzelne verfilzte Partien können mit einer Nagel- oder Friseurschere entfernt werden. Ist das Fell zu verfilzt, hilft nur noch Scheren.

3. Baden

Hartnäckiger Schmutz im Fell wird am besten mit einem Bad beseitigt. Dabei sollte unbedingt ein Hundeshampoo verwendet werden, das dem PH-Wert der Hundehaut entspricht.

Schützen und vorbeugen: Pfotenpflege

Hundepfoten müssen ganz schön viel aushalten: Das ganze Jahr über tragen sie das Tier und müssen dabei völlig ohne Schuhe auskommen. Grund genug, den Hund bei der Pfotenpflege zu unterstützen!

Pflege der Pfotenballen

Die Ballenhaut des Hundes sollte immer glatt und weich sein. Ist sie rissig und trocken, kann eine Pflegecreme, Vaseline oder Melkfett Abhilfe schaffen. Damit sich keine Fremdkörper verfangen können, sollte die Behaarung zwischen den Ballen so kurz sein, dass sie nicht darüber herausragt. Zum Schneiden eignet sich am besten eine weiche Nagelschere. Steckt ein Fremdkörper wie ein Steinchen oder ein Splitter in der Pfote, lässt sich dieser in der Regel mit einer Pinzette entfernen.

Pflege der Hundekrallen

Hundekrallen sollten regelmäßig gestutzt werden. Dabei ist allerdings Vorsicht geboten: In den Krallen verlaufen empfindliche Nerven und Blutgefäße! In hellen Krallen kann man ihren Verlauf erkennen – in schwarzen ist das nicht der Fall, weshalb man hier sehr vorsichtig sein muss. Gestutzt wird am besten mit einer üblichen Nagelfeile. Dabei sollte man langsam vorgehen und genau beobachten, ob noch ausreichend Horn zwischen Blutgefäßen und der Feile liegt. Sollte trotzdem einmal eine Blutung entstehen, mit einem Gaze-Tupfer, einer Kompresse oder einem Watte-Pad einige Minuten fest auf die Spitze der Kralle drücken.

Regelmäßig putzen: Zahnpflege

Zahnpflege ist auch für Hunde wichtig – ohne sie kann es zu Gebissproblemen, Zahnstein und Plaque kommen. Ein wichtiger Hinweis darauf, dass bereits Zahnprobleme bestehen, kann Mundgeruch sein. Schont der Hund dann noch sein Gebiss oder zeigt sich eine bläulich-dunkle Verfärbung, sollten Hundehalter alarmiert sein und einen Tierarzt aufsuchen.

Die wirksamste Methode, Plaque und Zahnstein fernzuhalten, ist regelmäßiges Zähneputzen. Das sollte einmal wöchentlich mit einer speziellen Hundezahnbürste oder einem Zahntuch geschehen. Geputzt wird mit einer Hundezahnpasta, die nach Fleisch schmeckt und von den Tieren in der Regel sehr gemocht wird. Zum Putzen muss das Maul des Tieres nicht ganz geöffnet werden – es reicht in der Regel völlig, wenn die Lippen ein wenig angehoben werden, so dass alle Außenflächen gereinigt werden können. Die Innenseiten können ausgespart werden.

Nicht immer einfach: Duschen und Baden

Manchmal muss es einfach sein: Waschen und Duschen beugt Parasiten und Haarausfall vor und sollte spätestens dann auf der Agenda stehen, wenn der Hund es mal wieder für eine gute Idee hielt, in einen schlammigen Teich zu hüpfen

Fellpflege ist wichtig: Zum eigenen Shampoo greifen sollten Hundebesitzer dabei jedoch nicht – dieses ist nämlich denkbar ungeeignet für die Hundehaut. Eine Ausnahme ist Babyshampoo.
Grund dafür ist der PH-Wert der Haut, der sich bei Menschen und Hunden erheblich voneinander unterscheidet. Liegt er beim Hund bei etwa 5,5 und befindet sich im basischen Bereich, hat die menschliche Haut einen PH-Wert von 4,1 – 5,8 und ist somit leicht sauer.
Wird ein Pflegeprodukt für Menschen verwendet, kann dieses die Hundehaut total aus dem Gleichgewicht bringen. Ihre natürliche Schutzfunktion wird angegriffen und die Haut anfälliger für Bakterien, Parasiten und andere schädliche Einflüsse. Das Fell wird schuppig und beginnt irgendwann zu jucken.

Nicht übertreiben
Hunde putzen sich täglich selbst – und das sogar mehrere Stunden. Wenn sich der Vierbeiner also nicht gerade im Schlamm gewälzt oder in einer Pfütze geplanscht hat, kann man sich das Duschprozedere sparen. Im Normalfall reicht auch die gute, alte Bürste.

Ganz einfach selbermachen: Hundeshampoo

Ein verträgliches und pflegendes Hundeshampoo kann man ganz leicht selbst herstellen – und das mit nur drei Zutaten:

- **1 Beutel Kamillentee**
- **5-10 Tropfen Mandelöl**
- **10 Gramm Xanthan (erhältlich in Reformhäusern und Apotheken) oder Babyshampoo**

Für das Shampoo einen Beutel Kamillentee mit 250 ml Wasser aufgießen. 10 Gramm Xanthan (oder Babyshampoo) unter ständigem Rühren in den Tee geben bis ein Gel entsteht. 5-10 Tropfen Mandelöl in die Mischung geben und das Ganze in ein verschließbares Gefäß füllen.

Das Shampoo ist ungefähr sechs Monate haltbar.

Duschen, nein danke? So wird der Hund zur Wasserratte

Was für den Menschen ein Vergnügen ist, ist den meisten Hunden ein Graus: Das Haustier zu duschen, ist häufig eine echte Herausforderung. Das muss nicht sein! Einige Tricks können jedem Hund die Scheu vor dem Wasser nehmen.

1. Für ein paar Leckerlis tun die meisten Hunde alles! Wer den Hund damit in die Wanne lockt und ihm immer wieder eine kleine Belohnung zusteckt, macht alles richtig. Das Tier fühlt sich sofort besser und nimmt das ganze Prozedere weniger wahr.

2. Besonders viel Angst macht Hunden der rutschige Badewannenboden. Dagegen hilft ein Handtuch, das über dem Boden ausgebreitet wird.

3. Hunde mögen weder kaltes, noch zu heißes Wasser. Die Temperatur sollte am besten lauwarm sein! Wird der Strahl – bitte schwach eingestellt – vorsichtig von unten nach oben über den Körper gelenkt, ist das für Vierbeiner sehr angenehm.

4. Hundeshampoo zuerst in die Hände geben und dann behutsam ins Fell massieren. Aber Vorsicht: Wie wir Menschen mögen auch Hunde kein Shampoo in den Augen.

5. Nach der Dusche den Hund mit einem Handtuch abrubbeln.

Shopping

Futter, Hundebetten, Spielzeug – es gibt so viele Dinge, mit denen Hundebesitzer sich und ihrem Vierbeiner eine Freude machen können. Gut, dass das Angebot in Hamburg für Tierfreunde keine Wünsche offen lässt ...

"Ich wollte nichts so sehr wie einen Hund. Jetzt ist Scotty endlich bei uns!"

Lola

Am liebsten rund um die Uhr: Toben

Scotty ist ein 8 Monate altes Golden-Doodle-Mädchen und hat jede Menge Energie. Kein Wunder, dass sogar die zwölfjährige Lola da manchmal ins Schnaufen kommt

So lange hat Lola ihre Eltern überreden müssen, endlich einen Hund anzuschaffen – kurz vor dem letzten Weihnachtsfest war es dann endlich so weit. Scotty ist eingezogen! Und wurde sofort zum heimlichen Mittelpunkt des Familienrudels. Auf Lola hört die junge Hündin besonders gut – zum Kuscheln tapst sie am liebsten zu Mama Nicola. Die morgendlichen Gassigänge werden von Lola oder ihren Brüdern übernommen; am Wochenende fällt der Frühdienst auch mal etwas kürzer aus und wird dann durch einen späteren Ausflug mit der ganzen Familie ausgeglichen. Zum ausgiebigen Rennen und Toben – Scottys absoluter Lieblingsbeschäftigung – geht es oft auf die Wiesen der Alster, in den Stadtpark oder in den Eppendorfer Park. Dort tollt die Golden-Doodle-Dame mit anderen Hunden, jagt um die Bäume oder spielt mit Lola Ball. Ebenfalls ein beliebtes Spielzeug: ein altes Springseil, an dem sie nach Leibeskräften mit Lola oder ihren Brüdern um die Wette zerrt. Ansonsten mag Scotty es natürlich, Stöcker anzuknabbern, im Matsch herumzuspringen oder durch die Büsche zu laufen. Kein Wunder, das Hundekind kommt vom Bauernhof! Auf dem hatte die Familie die kleine Scotty als einziges Weibchen in einem Wurf von acht Welpen nämlich damals zum ersten Mal gesehen und sofort ins Herz geschlossen. Inzwischen ist sie wirklich angekommen in der großen Stadt Hamburg. Aus dem anfangs etwas scheuen Hundemädchen ist in ihrem neuen Zuhause eine fröhliche und abenteuerlustige Hündin geworden – die am liebsten jeden Tag Neues entdecken möchte ...

„Manchmal beißt Scotty auf Spielzeugen einfach nur rum. Sie muss wohl erst noch lernen, dass man damit auch Spaß haben kann."

Lola

Die Alsterwiesen sind eines von Scottys bevorzugten Spielrevieren. Hier trifft sie jede Menge andere Hunde

Wasser ist noch nicht wirklich Scottys Element. Bisher hat sie erst einmal gebadet – mit den Füßen in der Nordsee

„Toben ist Scottys Leidenschaft. Gern auch mit anderen Hunden.“

Lola

Unsere Tipps

Alles, was das Hundeherz begehrt

ONLINE SHOPS

BOLLEBAND

Kunterbunte Halsbänder, Armbänder mit Verschlüssen in Hundeform, edle Leinen und weitere feine Lederwaren gibt es im edlen Accessoire-Online-Shop BOLLEBAND. Gründerin Sylvia fertigt bereits seit über 20 Jahren Lederartikel wie Taschen, Mokassins und Gürtel. Durch ihren Hund Bolle kam ihr die Idee, sich auf Accessoires für Hunde und ihre Besitzer zu konzentrieren. Zum Glück, denn die von ihr gefertigten Unikate, können sich sehen lassen und in einem Showroom besichtigt werden.

Showroombesichtigung nach Vereinbarung
Zur guten Hoffnung 55, 21109 Hamburg
S3/S31 bis Wilhelmsburg
0172 9110997
www.bolleband.de

DOGBAR®

Stilvoll fressen – wer auch beim Füttern auf eine ästhetische Optik setzt, wird dogBar® lieben. Die dogBar® ist ein Hundenapf für Designliebhaber und wird aus verschiedenen Materialien und in unterschiedlichen Größen angeboten. Vom Chihuahua bis zum Berner Sennenhund: für alle Größen wie maßgeschneidert! 100% nachhaltige Produktion aus Deutschland.

www.dogbar.de

DOGS CONTAINER

Weisswürstl, Kässpätzle, Labskaus, Krabbentörtchen – dies und vieles mehr kann bei DogsContainer in Form von Hundeleckerli bestellt werden. Für die Herstellung der knusprigen Snacks werden nur hochwertige Lebensmittel verwendet: Fett zum Beispiel stammt nicht vom Schwein, sondern von französischen Enten. Dass das Ganze auch noch richtig hübsch aussieht, versteht sich von selbst.

Gefällt nicht nur dem Menschen, sondern vor allem auch dem Hund!
www.dogscontainer.de

DOGS IN THE CITY
Das alte Hundekörbchen war gestern – heute gibt es Dogs in the City, ein Hamburger Label, das stylishe, nachhaltige und gesunde Schlafplätze für Hunde produziert. Man bietet Hundesofas, Hundebetten, Hundekissen und Hundedecken in allen Größen und verschiedensten Designs – alles natürlich umweltfreundlich und aus bester Qualität. Für Designliebhaber!
www.dogs-in-the-city.de

DOGUNA
Gassi gehen in style – Doguna hat das entsprechende Accessoire! Wer möchte, dass der Vierbeiner auf der Hundewiese zum echten Hingucker wird, stattet ihn mit einer der handgefertigten Hundefliegen des Hamburger Labels aus. Von der kleinen Schwarzen bis zur großen Pinkfarbenen – Hundefliegen gibt es hier für alle Rassen und in verschiedensten Designs! Ziemlich originell ...
www.doguna.de

HAMBURGER KUGELN
Hamburger Kugeln – so der Name der kleinen Manufaktur für Hundetrüffel: Hier entstehen besonders hochwertige Leckerlis, die ohne Mehl hergestellt werden. Es gibt sie in verschiedenen Varianten – auf Wunsch auch in Bio-Qualität, als vegetarische oder als vegane Variante. Auch in hübschen Geschenkschachteln. Auf der Website aussuchen und telefonisch bestellen.
www.hamburgerkugeln.de

LIEBLINGSPFOTE
Wunderschöne Halsbänder, Leinen aus Tauwerk und die entsprechenden Accessoires – die Farbgebung kann nach persönlichen Wünschen bestimmt werden. Jedes Teil ist mit viel Liebe zum Detail handgefertigt und kann mit einem Namensleder oder einer individuell handgefertigten Hundemarke versehen werden.
Hundestyle für Anspruchsvolle – Lieblingspfote-Gründerin Melanie Grote hat hier ihre Leidenschaft zum Beruf gemacht!
www.lieblingspfote.com

LUXURYDOGS
Coole Geschirre, stylishe Hundebekleidung, formschöne Hundemöbel, ausgefallene Fressnäpfe: Der Online-Shop LuxuryDogs hat so ziemlich alles im Programm, was das Herz von Hundeliebhabern höher schlagen lässt. Selbst ausgefallene Artikel wie Hochzeitsmode für Hunde, Hundebrillen oder Funwear sind hier erhältlich. Viel mehr Auswahl geht eigentlich nicht!
www.luxurydogs.de

SKOLL UND HATI
Außergewöhnliche Accessoires: Skoll und Hati ist eine Manufaktur für Hundezubehör. Ethno-Style wird hier groß geschrieben – Halsbänder, Hundekettchen, Kissen, Leinen werden vegan und mit ganz viel Liebe produziert. Wer möchte, kann auch selbst ein ganz persönliches Hundezubehör erstellen: Dabei hat man die Wahl zwischen verschiedenen Bändern und unterschiedlichen Verschlüssen. Spezielle Wünsche werden gern berücksichtigt.
www.skollundhati.de

VAN MUPPEN
Schon mal einen richtigen Hundekuchen gesehen? Nicht die kleinen harten, sondern eine Torte, die man auch als Mensch am liebsten sofort anschneiden würde? Diese und vieles mehr gibt's bei Van Muppen, dem Online-Shop für den ganz besonderen Geschmack. Tweedknochen, Superfood, Hundefliegen, Leckerli-Beutel – da lacht das Herz des Hundefreundes. Einfach mal reinschauen!
www.van-muppen.dog

WOOF & WIGGLE
Pflegecreme für Hundepfoten, Büroklammern in

Hundeform, Bandanas für jeden Geschmack und Plüsch-Steaks zum Kuscheln: Woof & Wiggle ist ein Online-Shop für design- und ästhetikliebende Hundefans und ihre tierischen Hausgenossen. Wer das Besondere sucht, wird hier fündig - für sich selbst oder für andere Hundebesitzer, die beschenkt werden sollen. Macht richtig Spaß!
www.woofandwiggle.com

SHOPS IN HAMBURG

BARFITAL

Frisches Futter jeden Tag (außer Montags) – das verspricht der Naturfutterladen Barfital in Barmbek. Fleisch, Innereien, Knochen: Es gibt praktisch jeden gewünschten Mix! Wer Wert auf Bio-Qualität legt, bekommt auch die – auf Vorbestellung und in gekühlten und vakuumisierten Päckchen. Zusätzlich: jede Menge Leckerlis, Nahrungsergänzungsmittel, Pflegezubehör und Spielsachen. Große Auswahl!
Mo-Fr 10-19 Uhr, Sa 9.30-18 Uhr
Fuhlsbütteler Straße 220, 22307 Hamburg
Bus 7/172 bis Hermann-Kauffmann-Straße
040 36916238
www.barfital.de

DAILY DOGS

Die Hundeschule und -pension Daily Dogs ist bekannt für ihren Indoorübungsplatz und ein breites Angebot. Zu diesem gehört auch, dass man vor Ort direkt shoppen kann: In dem kleinen Shop gibt es Geschirre, Leinen, Halsbänder, Futter, Pfeifen und Kauartikel, die direkt in der nächsten Trainingsstunde genutzt werden können.
Mo-So 9-21 Uhr
Offakamp 25, 22529 Hamburg
Bus 281 bis Jägerlauf
040 57011875
www.daily-dogs-hamburg.de

DOGINSON

Doginson ist mehr als ein Hundeshop: Der Uhlenhorster Laden hat hochwertiges Futter, natürliche Snacks, Frozen Yoghurt für Hunde und individuelles Zubehör im Sortiment. Neben einer Verkaufsstätte ist er auch noch Check in- bzw. Check out-Station für eine liebevolle Hundebetreuung: Von hier aus werden die Vierbeiner morgens in die Hundetagesstätte nach Bispingen geshuttled und hier werden sie abends wieder abgeliefert. Auch Urlaubsbetreuung. Bitte anmelden!
Mo-Fr 7-9, 11-18.30 Uhr, Sa 10-14 Uhr
Hofweg 29, 22085 Hamburg
Bus 6/17 bis Averhoffstraße
040 57282289
www.doginson.com

Futter aus kleinen Manufakturen

FELIS FELLKOMPLIZEN

„Gesundheit beginnt im Napf" – so das Motto von Sandra Weidle, der Inhaberin von Felis Fellkomplizen. Bei ihr gibt es hochwertiges Futter und charmantes Hundezubehör für sämtliche Hundelebenslagen – alles von kleinen regionalen und nationalen Manufakturen. Nebenbei steht für kleine Hunde (bis 10 kg) ein Gassi-Service zur Verfügung, den man bei Sandra buchen kann. Für einen kleinen Klönschnack ist hier immer Zeit!
Shop Mo-Fr 9.30-11.30, 15-18.30 Uhr, Sa 11-15 Uhr
Grasweg 8, 22299 Hamburg
U3 bis Sierichstraße
0175 6661753
www.felisfellkomplizen.de

Nachhaltig, aus kontrollierter Tierhaltung und bio:

So gut schmeckt Hunden Nachhaltigkeit

Hund & Katze im Winterhuder Mühlenkamp hat von der Lederleine bis zum Knochen alles, was Hunde zum Glücklichsein brauchen. Auch wenn es um Ernährungstrends und Gesundheitsfragen geht, berät das Team kompetent und freundlich

Eine gesunde und artgerechte Ernährung ist die Basis für ein langes Hundeleben. Nur, wenn der vierbeinige Hausgenosse ausreichend Vitamine, Mineralstoffe, Spurenelemente und Proteine bekommt, bleibt er vital und fröhlich! Neben einer großen Auswahl an Accessoires, Spielzeug, Decken und Körben bietet der Winterhuder Tierfutterspezialist Hund & Katze auch eine Bandbreite an gutem und hochwertigem Hundefutter, das auf die individuellen Bedürfnisse eines jeden Hundes abgestimmt ist. Fragen dazu bleiben hier niemals unbeantwortet: Inhaberin Andrea Conradt und ihr Team stehen ihren Kunden jederzeit gern mit Rat und Tat zur Seite.

Ein Futterhersteller, der hier besonders gern empfohlen wird und der außerdem größten Wert auf Nachhaltigkeit legt, ist die Premium-Marke GOOOD DOG. Produkte von GOOOD Dog kommen ohne künstliche Konservierungs-, Aroma- und Farbstoffe aus, sind getreidefrei und haben einenbesonders hohen Fleischanteil. Das Fleisch in GOOOD DOG-Produkten stammt aus kontrollierter Freilandhaltung oder ökologischer Landwirtschaft. Das von GOOOD DOG erhältliche Sortiment reicht von Nass- über Trockenfutter bis hin zu Leckerlis für Zwischendurch. Das ganzheitliche Ernährungskonzept des Herstellers ist mehr als vorbildlich: Der trotz umweltschonender Herstellung entstehende CO_2-Ausstoß wird vom Unternehmen durch Waldaufforstungsprojekte in Deutschland, Togo und Brasilien ausgeglichen.

GOOOD DOG über Hund & Katze, Mühlenkamp 4, 22303 Hamburg, 040 2704579, Mo-Fr 10-19 Uhr, Sa 10-16 Uhr www.hund-katze.de

FRESSNAPF

Zwölf Filialen hat der Tiernahrungsriese in Hamburg – hier gibt es alles, was der Hund und sein Mensch im täglichen Leben so brauchen. Der größte Fachhändler für Heimtierbedarf bietet Futter und Zubehör in jeder Qualität und jeder Preisklasse – wer es unkompliziert mag, ist hier richtig. Wer den Weg in den Markt scheut oder keine Filiale in der Nähe hat, kann natürlich auch online bestellen. 11 weitere Standorte in anderen Stadtteilen.

Mo-Sa 9-20 Uhr
Ruhrstraße 42-44, 22761 Hamburg
Bus 3 bis Schützenstraße (Mitte)
040 85080818
www.fressnapf.de

FUTTERHAUS

15 Futterhäuser gibt es in Hamburg: Der Fachmarkt für Tierbedarf und Tiernahrung punktet mit 45.000 verfügbaren Artikeln. Neben handelsüblichen Herstellern werden auch ansprechende Eigenmarken angeboten. Für anspruchsvolle Vierbeiner stehen in vielen Märkten Tiefkühltruhen mit ausgewähltem Frostfutter und Frischfleischtheken bereit. Eine kompetente Beratung bekommt man dazu. 14 weitere Standorte in anderen Stadtteilen.

Mo-Fr 9-20 Uhr, Sa 9-18 Uhr
Von-Essen-Straße 76-86, 22081 Hamburg
U3 bis Hamburger Straße
040 20971022
www.futterhaus.de

GOOD BOY!

Hier in Hamburg muss man schon mal mit Schietwetter rechnen. Gut, wenn man dann die Gassirunde in wetterfester, aber trotzdem stylischer Kleidung antreten kann! Im Online Shop von GOOD BOY! gibt es zum Beispiel Jacken, die speziell auf die Bedürfnisse von Hundehaltern zugeschnitten sind, die also Taschen für jede Menge Leckerlis, Hundebeutel und Co. haben. Reinschauen lohnt sich! Nur Barzahlung möglich.

Termin nach Vereinbarung
Dieselstr. 3, 21423 Winsen/Luhe

04171 6070940
www.goodboy.de

HAMBURGER HUND

Ehemals ein reiner Onlineshop – jetzt auch einladendes Geschäft in Hamburgs Westen: Hamburger Hund bietet klassische, hanseatische und funktionale Produkte für den Hund und seinen Menschen. Leinen, Halsbänder, Hundemäntel und alle anderen Artikel präsentieren sich in vornehmen Understatement – so zeigt der Hund von Welt sich gern! Auch Nass- und Trockenfutter, Tiefkühlfleisch und eine große Auswahl an Kauartikeln.

Di-Fr 10-13, 15-18 Uhr, Sa 10-13 Uhr
Sülldorfer Landstraße 159, 22589 Hamburg
S1 bis Hamburg-Sülldorf
040 78802747
www.hamburger-hund.de

HEIMTIERPARTNER ZOO-MARKT ALSTERDORF

Tiernahrung und Hunde-Zubehör seit 1974 – der Heimtierpartner Zoo-Markt ist ein Dauerbrenner und eines der letzten inhabergeführten Zoo-Fachgeschäfte in Hamburg. Man bietet ein klassisches und reelles Sortiment ohne großen Schnickschnack und Bling Bling – bei Ernährungsproblemen steht ein Tierheilpraktiker für eine kompetente und unabhängige Beratung bereit. Gängige und exotische Marken.

Wilma im Shopping-Paradies:

FEINES FÜR DEN HUND BEI V.I.PETS IN PÖSELDORF

Was würden Hunde eigentlich einkaufen, wenn sie selbst entscheiden dürften? Hündin Wilma erzählt es uns!

„Tschüß Wilma! Frauchen ist heute Abend wieder da. Mach mir ja keinen Quatsch!“

Die Tür fällt ins Schloss, ich bin allein und schaue mich schnüffelnd im Flur um. Ob es wohl als ‚Quatsch‘ gilt, wenn ich in Frauchens Portemonnaie schaue? Was da alles drin ist… Unter Führerschein und Ausweis finde ich, was ich suche: Frauchens goldene Kreditkarte!

Freudig verlasse ich die Wohnung und spaziere in Richtung Pöseldorf, immer der Nase nach. Wenn ich dem Geruch nach Bio-Fleisch und vegetarischen Leckerlis folge, dürfte ich das V.I.Pets am Mittelweg, nicht verfehlen. Neulich erst war ich mit Frauchen dort im Laden und durfte mir ein paar Knochen aussuchen. Leider sind die schon lange aufgegessen, aber jetzt kann ich ja für Nachschub sorgen. Der Geruch wird immer stärker. „Suchst du das V.I.Pets? Du bist gleich da, noch ein paar Meter weiter die Straße runter“, ruft mir ein Dackel im Vorbeigehen zu, der sein Herrchen runter zur Alster zerrt. Na bitte, da ist es ja!

Wedelnd stehe ich vor dem Laden im Mittelweg und weiß gar nicht, wohin ich zuerst schauen soll: Da wären die einladenden Hundebetten, die so weich sind, dass selbst die Prinzessin auf der Erbse hier gut schlafen würde, Futter und Leckerchen in allen erdenklichen Sorten und Spielzeug, das ich sonst noch nirgendwo gesehen habe. Schnell rein da!

Die freundlichen Verkäuferinnen staunen nicht schlecht, als ich den Laden betrete und zielstrebig zu den Naschereien gehe. „Na, du bist aber ein pfiffiges Hündchen“, sagt die Dame am Tresen und steckt mir ein Leckerli zu. Davon will ich mehr! Ein paar Dosen Nassfutter nehme ich noch dazu und die Knochen, die so gut riechen.

„Darf es sonst noch was sein?“, fragt mich die nette Verkäuferin, die meinen Einkauf auf den Tisch legt. „Wenn Sie so fragen. Das tolle Halsband da würde mir doch sicher auch stehen, oder?“ Eigentlich habe ich jetzt alles, was ich haben möchte, aber je länger ich mich bei V.I.Pets umschaue, desto mehr entdecke ich: Hundespielzeug in Kameraform, das mich an den letzten Urlaub mit Frauchen erinnert, bunte Kissen, Leinen, mit denen man ganz weit vorauslaufen kann… Und das Hundebett da hinten sieht wahnsinnig gemütlich aus. Vielleicht kann ich das noch kurz ausprobieren? Fröhlich tapse ich zu dem mit Leder bezogenen Körbchen und drehe mich darauf im Kreis. Man muss schließlich die richtige Liegeposition finden. Zufrieden rolle ich mich zusammen. Shoppen macht ganz schön müde.

„Wilma?“

Ja, ja. Ich stehe ja schon auf, eine Minute noch.

„Wilma! Frauchen ist wieder da!“

Ich öffne verschlafen die Augen und sehe mein Frauchen im Flur stehen.

„Warst du schön brav?“

Ich gucke Frauchen aus großen, treuen Hundeaugen an.

„Komm, wir gehen eine Runde spazieren und weil du so artig warst, holen wir dir ein paar Leckerlis bei V.I.Pets.“

Mo-Fr 9-18 Uhr, Sa 9-13 Uhr
Alsterdorfer Straße 254, 22297 Hamburg
U1 bis Alsterdorf
040 5119099
www.heimtierpartner-alsterdorf.de

HUND & KATZE

Von Futter, Snacks und Nahrungsergänzung über Schlafplätze und Absperrgitter bis hin zur Hundehütte bietet Hund & Katze in Winterhude so ziemlich alles – und das in guter Qualität. Zu Ostern und zu Weihnachten bekommen tierische Besucher einen selbstgebackenen Hundekeks – was den Laden zum Lieblingsshop großer und kleiner Hunde macht. Verständlich ...

Mo-Fr 10-19 Uhr, Sa 10-16 Uhr
Mühlenkamp 4, 22303 Hamburg
Bus 6/17/25 bis Gertigstraße
040 2704579
www.hund-katze.de

KARO KÖTER

Chi Chi ist hier in St. Pauli nicht angesagt: Köter ist bei Karo Köter kein Schimpfwort, sondern ein Titel! Im Sortiment ist vieles handgemacht und regional – von Nassfutter über Leinen und Halsbänder bis zum Hundespielzeug. Nur, was den Qualitätstest der Vierbeiner besteht, darf im Laden verkauft werden. Auch ausgefallene Wünsche werden nach Möglichkeit erfüllt! Viele Produkte auch im Online Shop verfügbar.

Mo, Di, Do, Fr 12-19 Uhr, Sa 11-18 Uhr
Marktstraße 28, 20357 Hamburg
U3 bis Feldstraße
040 24435233
www.karo-koeter.de

MELLOW BELLO

Hunde in Blankenese haben es gut: Hier gibt es Mellow Bello! Man findet jede Menge stylishes und funktionales Hundezubehör und kann sich mit qualitativ hochwertigem und gesunden Futter eindecken – seit Kurzem auch mit tiefgefrorenem Frischfleisch. Wer nicht aus der Gegend kommt, kann auch im Online Shop bestellen.

Mo-Fr 10-18 Uhr, Sa 10-13 Uhr
Dockenhudener Straße 4-6, 22587 Hamburg
S1/S11 bis Blankenese
040 86628200
www.mellow-bello.de

MOIN HUND

Der Name des Ladens lässt es schon erahnen: Hier gibt es maritime Accessoires. Vor allem die Leinen und Halsbänder aus Tau in allen möglichen Farben und Designs machen richtig was her! Auch alle anderen Produkte können sich sehen (und fressen) lassen – Spielzeug, das mit Sicherheit jedem Hund Spaß macht, kuschelige Schlafplätze und natürlich ein großes Angebot an liebevoll ausgesuchten Futter und Kauartikeln machen Zwei- und Vierbeinern Freude.

Mo-Fr 10-18 Uhr, Sa 9-13 Uhr
Ratsmühlendamm 26, 22335 Hamburg
U1 bis Klein Borstel
040 50098992
www.moin-hund.de

NORDLICHT ZUHAUSE & HUND

Schnüffeln erlaubt: Bei Nordlicht Zuhause & Hund gibt es nicht nur Wohnaccessoires für Zweibeiner, sondern auch ein „Fellnasenzimmer“ mit ausgesuchtem Hundezubehör. Tauleinen und -halsbänder, Näpfe, Schlafplätze, Spielzeug, Leckerlis und viele andere Dinge, die das Leben mit Hund

schöner und einfacher machen. Reinkommen und entdecken: Stöbern lohnt sich! Viele Produkte auch im Online Shop.
Di, Mi, Fr 10.30-13, 14-18 Uhr, Do 10.30-13 Uhr, Sa 11-13.30 Uhr
Gottschedstraße 11, 22301 Hamburg
U3 bis Borgweg
040 60860377
www.nordlicht-zuhause-hund.de

PET SHOP BOYZ

Ein Paradies für Hundefreunde – der Laden hat so viel zu bieten! Zubehör, Spielzeug, Schlafplätze – ein Teil hübscher als das andere. Empfehlenswert das eigens produzierte Hundefutter der Pet Shop Boyz – es besteht aus 100% Biofleisch oder aus purem Gemüse und Obst. Nette und persönliche Atmosphäre – auch Hunde fühlen sich richtig wohl. Was nicht zuletzt daran liegt, dass jeder vierbeinige Besucher bei den Pet Shop Boyz ein Leckerli bekommt ...
Mo-Fr 10-19 Uhr, Sa 10-18 Uhr
Schmilinskystraße 15, 20099 Hamburg
Bus 6/Bus 17 bis Gurlittstraße
040 28803610
www.pet-shop-boyz.de

POODLEWOHL

Premium Nass- und Trockenfutter in bester Bio-Qualität, Betten, Halsbänder, Leinen und jede Menge tolles Hundespielzeug: Poodlewohl ist der erste Bioladen für Hund und Katze. Man legt besonderen Wert auf Nachhaltigkeit – jedes hier verkaufte Produkt ist fair angebaut, produziert, entlohnt und verkauft. Kein Wunder, dass Mensch und Tier sich hier poodlewohl fühlen!
Mo-Fr 11-19 Uhr, Sa 10-16 Uhr
Heußweg 18, 20255 Hamburg
U2 bis Osterstraße
040 43277761
www.poodlewohl.de

SCHMACKOFATZ

Tierisch lecker Frischfleisch – so eine kurze Beschreibung des Angebots von Schmackofatz in Winterhude. Es gibt ein großes Angebot an Rohfleisch: Öko-Barf aus ökologischer Tierhaltung, regionales Frischfleisch aus der Frischetheke und der TK-Truhe, Kauartikel, Leckerlis und verschiedenstes Zubehör. Zusätzlich bietet man Seminare, Kurse und Trainings rund um das Thema Barfen, Homöopathie, Hundeerziehung und Erste Hilfe beim Hund an. Kompetente Beratung!

Mi-Fr 11-18.30, Sa 10-14 Uhr
Alsterdorfer Straße 88, 22299 Hamburg
U1 bis Lattenkamp
040 18123561
www.schmackofatz-tiernahrung.de

SNACKREVIER

Hundeleckerlis nach eigenen Wünschen zusammenstellen lassen – im Snackrevier an der Tagesordnung! Es kann zwischen mehr als 100 verschiedenen Kauartikeln und Leckerlis gewählt werden – der Hund darf vorher im Laden probieren, welche Sorte ihm besonders gut schmeckt. Schön auch die Snackrevier Geschenktüte, mit der man den Vierbeinern von Freunden oder Bekannten echte Freude machen kann.

Mo, Di, Do, Fr 9-12.30, 14-18 Uhr, Mi 9-12.30 Uhr, Sa 9-12.30 Uhr
Großheidestraße 11a, 22303 Hamburg
Bus 17/172/173 bis Großheidestraße
040 35033740
www.snackrevier.de

TIERBAR

Qualitativ hochwertiges Frisch-, Nass- und Trockenfutter und alles, was der Hund und sein Mensch im Alltag sonst noch so brauchen: Die Tierbar für alle Felle hat ein reelles Angebot. Sollen es zum Beispiel größere Mengen einer bestimmten Fleischsorte sein? Dann sind auch Vorbestellungen möglich. Außerdem wird auf Wunsch auch gern ins Haus geliefert.

Mo-Fr 10-19 Uhr, Sa 10-15 Uhr
Eppendorfer Weg 175, 20253 Hamburg
Bus 181 bis Eppendorfer Weg
040 4915711
www.tierbar.de

TREU

Nachhaltig und individuell: Treu ist ein Hundeladen, der nicht nur Vier-, sondern auch Zweibeiner glücklich macht. Es gibt Praktisches und Nützliches wie klassisches Hundezubehör, aber auch Schönes für wahre Hundeliebhaber. Besonderes Highlight für heiße Tage: Frozen Joghurt für Hunde in den Geschmacksrichtungen Wildlachs oder Rind. Da könnte man direkt neidisch werden!

Di-Fr 11-19 Uhr, Sa 11-16 Uhr
Lehmweg 51, 20251 Hamburg
U3 bis Eppendorfer Baum
040 4398313
www.treu-hamburg.de

V.I.PETS

Nicht weit von der beliebten Hunde-Alsterwiese entfernt im feinen Pöseldorf liegt V.I.Pets, ein kleiner, schön gestalteter Laden für gesunde und hochwertige Tiernahrung und eine exklusive Auswahl stylisher Accessoires. Man findet Trendiges und Klassisches, Produkte zum Spielen und Artikel zum Trainieren. Am besten mit dem Hund vorbeikommen und einmal quer durchs Sortiment schnuppern!

Mo-Fr 10-19 Uhr, Sa 10-16 Uhr
Mittelweg 126, 20248 Hamburg
U1 bis Hallerstraße
040 20910762
www.v-i-pets.de

artgerechtes Futter ohne Chemie

VON HACHTS

Die Ernährung des Hundes – auf jeden Fall chemiefrei! Dafür steht Norman von Hacht, der als gelernter Landwirt jetzt einen Shop für gesunde Hundenahrung betreibt. Keine Chemie gilt natürlich nicht nur für das „Hanseatenfutter" – so der Name des Nassfutters – sondern auch für Leckerlis und Parasitenbekämpfung. Verwendetes Fleisch stammt auch hier nicht aus Massentierhaltung und ist auch nicht mit Antibiotika versetzt. Zusätzlich gibt es eine Hundeschule und ein Betreuungsangebot.
Mo-Fr 9.30-17.30 Uhr, Sa 9-13 Uhr
Wedeler Landstraße 27, 22559 Hamburg
S1 bis Rissen
040 54898121
www.vonhachts.de

WAU & MAU

Kleiner Laden, große Auswahl: Hier, im Hanse-Viertel, mitten in der Hamburger Innenstadt finden Hundefreunde alles, was sie für das Leben mit ihrem Vierbeiner brauchen. Viele originelle Artikel, geschmackvolle Kleinigkeiten und eine freundliche und kompetente Beratung. Wer ein Geschenk für Frauchen, Herrchen oder Hund sucht, wird hier mit Sicherheit das Richtige finden!
Mo-Sa 10-20 Uhr
Große Bleichen 36, 20354 Hamburg
U1/U2/U4/S1/S2/S3 bis Jungfernstieg
040 343099
www.wau-und-mau.de

Organisationen

Es muss nicht unbedingt ein Hund vom Züchter sein – verschiedene Tierschutzorganisationen haben die Vermittlung herrenloser Tiere im Fokus

Ein neues Leben für Kalle

Kalle ist von allem das Beste: Der Mischling aus Terrier, Jack Russel und vermutlich noch einigen anderen Rassen ist aus Rumänien nach Hamburg gekommen

Mit zwei gebrochenen Hinterläufen wurde er in Rumänien als Welpe in einer Pfütze gefunden – der zweijährige Kalle hatte einen schweren Start ins Leben. Zum Glück nahm sich eine Tierschutzorganisation des kleinen Mischlingsrüden an und brachte ihn zur Weitervermittlung nach Deutschland. Dort fand er dann auch schnell ein liebevolles Zuhause: bei Liza, die Kalle jetzt praktisch rund um die Uhr begleiten darf.

Kein Wunder, dass er sich schnell bei seinem neuen Frauchen eingelebt hat. Liza tut schließlich alles dafür, dass es Kalle gut geht! Schon morgens um viertel vor sieben starten die beiden ihre erste Gassirunde – es geht für eine Stunde an die Alster, wo Kalle nach Herzenslust toben kann. Danach ist Abmarsch in Lizas Büro. Auch da ist der Vierbeiner natürlich dabei und verbringt den Tag in Gesellschaft von immerhin drei Artgenossen und vielen Menschen. Mittags machen Liza und ihr kleiner Begleiter einen Abstecher in den nahegelegenen Innocentiapark. Dort vertreten sie sich alle sechs Beine und tanken frische Luft und Energie. Die Wochenenden verbringen die beiden immer wieder gern bei Lizas Familie an der Ostsee. Für alle Beteiligten ein echtes Erlebnis! Kalle wird von allen Familienmitgliedern nach Strich und Faden verwöhnt und Liza hat zwischendurch mal frei, weil auch mal ein anderer eine Gassitour übernimmt.

Der sandige Ostseestrand gefällt dem fröhlichen Hund dabei besser, als das Meer – Wasser hat er nämlich seit er damals schwer verletzt in einer Pfütze gefunden wurde nicht allzu gern …

„Kalle ist total pflegeleicht und hat sich wunderschön eingelebt. Er ist mir total ans Herz gewachsen."

Liza

In den Stadtpark gehen Liza und Kalle fast jeden Abend. Auf der großen Wiese vor dem Planetarium ist ausreichend Platz

Kalle ist ein verspielter Typ. Bälle und Stöckchen sind seine Lieblingsspielzeuge

„Dreimal täglich gehen wir für jeweils mindestens eine Stunde spazieren. Wir haben also ausreichend Bewegung!"

Liza

Unsere Tipps

Hilfe und Unterstützung für Hunde in Not

ORGANISATIONEN

FRANZISKUSTIERHEIM BMT (BUND GEGEN MISSBRAUCH DER TIERE E.V.)

Für hundeerfahrene Tierliebhaber bietet ein Hund aus dem Tierheim die Möglichkeit, ein neues Familienmitglied aufzunehmen und dabei etwas Gutes zu tun. Das Franziskus-Tierheim in Hamburg-Lokstedt ist hierfür eine verantwortungsbewusste Anlaufstelle! Die Mitarbeiter geben sich Mühe bei der Vermittlung, beantworten alle aufkommenden Fragen und sorgen dafür, dass jeder Hund einen passenden Halter findet.

Di-Sa 15-17.30 Uhr, telefonisch 12-14 Uhr
Lokstedter Grenzstraße 7, 22527 Hamburg
Bus 181 bis Deelwisch
040 55492837
www.franziskustierheim.bmtev.de

GLÜCKSFELLE

Die Organisation „Glücksfelle" vermittelt Hunde, die bisher nicht so viel Glück hatten, im norddeutschen Raum. Auf der Website werden Tiere vorgestellt, die ihr Dasein im Ausland im Heim fristen oder die sich bereits in deutschen Pflegstellen befinden. Wer sich direkt in ein Bild verliebt, nimmt Kontakt zur Organisation auf und kann mit ein bisschen Glück seinen Auslandshund schon kurze Zeit später am Hamburger Flughafen abholen. Vermittelt wird gegen eine Schutzgebühr.

0157 34952252
www.gluecksfelle.de

HAMBURGER TIERSCHUTZVEREIN VON 1841 E.V.

Der Hamburger Tierschutzverein in der Süderstraße ist wohl eines der bekanntesten Tierheime der Stadt. Das im Grünen gelegene Heim vermittelt Hunde aller Rassen und Größen, die auf der Website vorgestellt werden. Wer keine Zeit für einen eigenen Hund hat oder sich die Verantwortung nicht zutraut, kann hier Hunde zum Gassigehen ausführen und das Heim so unterstützen. Auch Patenschaften, mit denen man bedürftige Hunde monetär unterstützt, werden gern gesehen.

Mo, Mi, Fr 10-16 Uhr, Do 10-18 Uhr, Sa, So, 10-12 Uhr
Süderstraße 399, 20537 Hamburg
Bus 130 bis Braune Brücke
040 2111060
www.hamburger-tierschutzverein.de

Hier freut man sich über Unterstützung

HUNDELIEBE GRENZENLOS

In süd- und osteuropäischen Heimen sind die hygienischen Zustände oft katastrophal, zudem

werden Hunde wegen Platzmangels oft schon nach wenigen Wochen eingeschläfert. Die Organisation „Hundeliebe Grenzenlos" vermittelt solche Hunde aus dem Ausland und aus Pflegestellen in ganz Deutschland. Dabei geht die Organisation sehr gewissenhaft vor und kümmert sich auch danach noch um einen regen Kontakt.

Twedter Feld 74 H, 24944 Flensburg
0461 65420
www.hundeliebe-grenzenlos.de

LOOK TIERSCHUTZVEREIN

„Look" kümmert sich um die Vermittlung von Hunden aus verschiedenen Ländern und sammelt über Spendenaufrufe und seinen Onlineshop Geld für Notfall-Hunde. Wer einem der auf der Website vorgestellten Hunde ein neues Zuhause schenken möchte, füllt eine Selbstauskunft aus und trifft sich dann mit einem Mitarbeiter aus dem Vermittlungs-Team. Dabei geht es vor allem darum, verschiedene Fragen zu beantworten und so einen Hund zu finden, der möglichst perfekt ins eigene Leben passt.

Laukamp 17, 22417 Hamburg
Bus 192 bis Wattkorn
www.look-tierschutzverein.de

PET ANGELS

Tierschutz kennt keine Grenzen: Die Tierschutzorganisation „Pet Angels" vermittelt vornehmlich Hunde aus Mallorca, hilft aber auch Vierbeinern aus Deutschland, wenn sie in Not sind. Die Organisation sucht regelmäßig nach Pflegestellen, die Hunde bei sich aufnehmen und weitervermitteln. Auf der Website finden sich zudem Hunde, die sich schon in Hamburg aufhalten und nach einem Besitzer suchen.

0163 605 36 22
www.petangel.de/vermittlung

PFOTENHILFE MIT HERZ

Die Hamburger Tierschutzorganisation „Pfotenhilfe

mit Herz“ vermittelt Hunde aus vier verschiedenen Heimen in Spanien. Die Tiere stammen aus dort ansässigen Tötungsstationen. Die Tierschützer sind sehr gewissenhaft und kümmern sich hier in Deutschland darum, dass die Hunde ein geeignetes Zuhause finden. Über Facebook oder per Telefon sind sie rund um die Uhr erreichbar.

Erntingweg 8, 22179 Hamburg

Bus 8/17/37/118/173 bis Herthastraße

www.pfotenhilfe-mit-herz.de

PLUTO TIERSCHUTZ

Ein gut organisierter Verein, der Anfragen zuverlässig und gewissenhaft bearbeitet, ist „Pluto Tierschutz“ aus Hamburg. Die Mitarbeiter bemühen sich sehr, für jeden Hund den richtigen Halter zu finden und sind auch im Notfall schnell erreichbar.

0177 532 745 1

www.pluto-tierschutz.de

STREUNERNOTHILFE GRENZENLOS

Die Organisation aus Süddeutschland hat in der ganzen Republik Pflegestellen mit herzlichen und gewissenhaften Mitarbeitern, die sich um reibungslose Abläufe kümmern. Wer sich zum Beispiel in einen Hund in einer Hamburger Pflegestelle verliebt hat, darf diesen vorab mehrfach vor Ort besuchen.

06356 9895749

www.streunernothilfe-grenzenlos.de

TASSO SHELTA

Auf der Website des Online-Tierheimes „Tasso Shelta“ finden sich zahlreiche Hunde, die dringend ein neues Zuhause suchen und die sich an verschiedensten Orten – mal bei Organisationen, mal bei privaten Vermittlern – befinden. Kontaktmöglichkeiten werden direkt im Profil des zu vermittelnden Hundes angegeben. So steht der Begegnung mit dem neuen Familienmitglied nichts mehr im Weg!

0619 0937300

shelta.tasso.net/Hunde

TERRA MATER

Seit über zwanzig Jahren setzt sich der Verein Terra Mater weltweit für den Tierschutz ein. Herrenlose Tiere werden hier auf eigenen Tierauffangstationen sowie in zahlreichen Partnerstationen umsorgt. Bei der Tiervermittlung beantwortet Terra Mater offen und ehrlich alle Fragen und gibt bereitwillig Auskunft. Der Verein hilft auch, wenn der eigene Hund verloren geht; in dem Fall kann auf der Website ein Gesuch veröffentlicht werden.

040 53160590

www.terra-mater.de

TIERE IN SPANIEN E.V.

Spanien mit seinen Inseln ist eines unserer liebsten Urlaubsländer, hat allerdings auch erheblich mit Straßenhunden zu kämpfen. Die Tierheime sind dort mit Streunern überfüllt und die Hygienezustände lassen zu wünschen übrig. Weil es einfach zu viele herrenlose Tiere gibt, werden diese hier nach einer bestimmten Frist eingeschläfert. Der Verein „Tiere in Spanien e.V." vermittelt deshalb jährlich rund 200 spanische Hunde und verhilft ihnen zu einem neuen, glücklichen Leben.

Muggesfelder Straße 30, 23813 Nehms
0151 15644768
www.tiere-in-spanien.de

TIERHEIM GROSSHANSDORF

Das am Wald gelegene Tierheim Großhansdorf vermittelt seit 1964 herrenlose Hunde und andere Haustiere. Auf der Website werden regelmäßig zu vermittelnde Hunde vorgestellt, die vor Ort im großen Auslaufgehege besucht werden können. Die tierlieben Mitarbeiter des Heims beantworten ausführlich Fragen zu Herkunft und Wesensmerkmalen und stehen bei der Entscheidung beratend zur Seite. Alle Tiere werden gegen eine Schutzgebühr abgegeben.

Täglich 10–11.30 Uhr, Mo-Fr (ausgeschlossen Mittwoch) 13-17 Uhr
Waldreiterweg 101, 22927 Großhansdorf
U1 bis Kiekut
04102 64111
www.tierheim-grosshansdorf.de

TIERRECHTSORGANISATION EINHORN E.V.

Über Missstände informieren, Tieren in Not helfen und ein Bewusstsein für den Tierschutz entwickeln – darin sieht die Tierschutzaktionsgruppe Einhorn e.V. ihre Aufgabe. Die Website informiert regelmäßig über aktuelle Aktionen und ruft dazu auf, Tieren die gleichen Rechte wie uns Menschen einzuräumen.

Senefelder Ring 46, 21465 Reinbek
Bus 137/536 bis Reinbek, Senefelder Ring
0171 5360631
www.einhornev.de

TIERSCHUTZ HENSTEDT-ULZBURG E. V.

Das Tierheim hinter der nördlichen Stadtgrenze von Hamburg wurde 2006 gegründet und beherbergt in der Regel zwischen 9 und 14 Hunde sowie zahlreiche Kleintiere. Die Mitarbeiter des Heims stehen bei der Suche nach einem neuen Familienmitglied gern beratend zur Seite und sorgen für eine gute Betreuung vom ersten Besuch bis zur Übergabe des neuen Familienmitglieds.

Fr 14.30-16.30 Uhr
Kirchweg 124e, 24558 Henstedt-Ulzburg
Bus 196 bis Ulzburg, Brahmkoppel
04193 91833
www.tierheim-henstedt-ulzburg.de

TIERSCHUTZVEREIN PINNEBERG

Auf seiner Website veröffentlich der Tierschutzverein im Nordwesten von Hamburg verschiedenste Informationen rund um Haustiere – so finden sich hier auch viele Hunde, für die ein neues Zuhause gesucht wird. Wer mit dem Gedanken spielt, selbst einem Hund eine Pflegestelle zu bieten, kann sich hier ebenfalls bewerben.

Elmshorner Straße 108, 25421 Pinneberg
Bus 185/594 bis Pinneberg, Flagentwiete
04101 8692800
www.tierschutzverein-pinneberg.de

TRAURIGE HUNDEHERZEN

Der Verein, der sich im Auslandstierschutz stark macht, besteht seit 2010 und bringt herrenlose Hunde aus Ungarn nach Deutschland. Das Team an freiwilligen Mitarbeitern ist überaus herzlich, tierlieb und gut organisiert. Bei der Vermittlung wird genau darauf geachtet, dass Herrchen oder Frauchen und Hund perfekt zusammenpassen.

Mo-So 9-20 Uhr
Jochim-Sahling-Weg 63, 22549 Hamburg
Bus 37 bis Jochim-Sahling-Weg
04202 9884599
www.traurige-hundeherzen.de

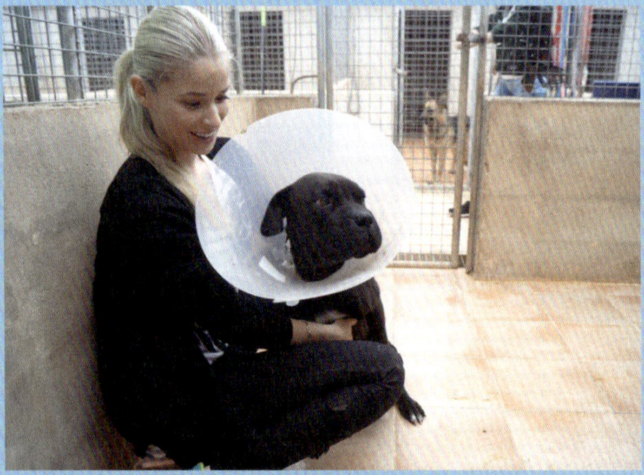

„Die meisten Hunde aus Tierheimen auf Mallorca sind unendlich lieb und dankbar."

Lisa Hezinger

Ein zweites Leben für Straßenhunde

Das sagt die EXPERTIN

Die Organisation „Pet Angels“ hilft Tieren in Not aus dem In- und Ausland. Lisa Hezinger gründete „Pet Angels“ im Alter von 12 Jahren

Lisa, du bist Gründerin von „Pet Angels“. Wie kamst du zum Tierschutz?
Ich war schon immer tierlieb und auch meine Familie hat sich schon immer sehr für Tiere engagiert. Wir haben ein Haus auf Mallorca und so habe ich schon früh mitbekommen, unter was für schlechten Bedingungen Tiere in den lokalen Tierheimen leben müssen. Mit zwölf bin ich dann das erste Mal mit zu einer Rettungsaktion in eine Tötungsstation gekommen; von da an war ich als Tierschützerin aktiv.

Oftmals hört man ja, man müsse keine Tiere aus dem Ausland retten, weil es in deutschen Tierheimen bereits genügend Tiere gebe. Was entgegnest du da?
Wer schon mal versucht hat, ein Tier aus einem deutschen Tierheim zu adoptieren, weiß, dass das manchmal mit ziemlich großen Hürden verbunden ist. Viele Tierheime sind so überbesetzt, dass es ewig dauert, bis man ein Tier bekommt. Familien, die einen Hund haben wollen, kommen oft gar nicht durch, und junge Tiere – ganz besonders Welpen – sind oft schon innerhalb von ein paar Tagen weitervermittelt. Bei uns läuft die Vermittlung etwas unkomplizierter ab. Wir machen zwar auch Vorkontrollen und sind sehr sorgfältig, was die Vermittlung eines geeigneten Tieres angeht. Wir haben aber zum Glück genug ehrenamtliche Mitarbeiter, die sich um die Vermittlung kümmern, deshalb geht das ganze Prozedere etwas schneller.

Wonach entscheidet ihr, ob ihr ein Tier aus dem Tierheim rettet oder nicht?
Ich höre da ganz auf mein Bauchgefühl. Ich entscheide das auch nicht danach, ob sich ein Hund wohl eher schwer oder leicht vermitteln lässt. Wir haben auf Mallorca mehrere Volontäre, die sich die Tiere in den Tötungsstationen auf Mallorca regelmäßig angucken. Diese schicken mir dann Bilder von Hunden, die bald eingeschläfert werden. Wenn ich dann in die Stationen komme, um Hunde zu retten, ist es meistens aber so, dass ich statt mit drei mit sieben Hunden wieder rausgehe.

Wie unterscheiden sich Auslandshunde von heimischen Tierheimhunden? Gibt es etwas, was ich beachten muss?
Ich habe die Erfahrung gemacht, dass die Hunde aus den Tierheimen auf Mallorca grundsätzlich sehr friedlich sind. Das sind tolle Hunde, die sehr dankbar sind. Von insgesamt 200 Hunden auf einer Station sind wirklich 170 lieb; ich kann da problemlos in jeden Zwinger reingehen, ohne Angst zu haben.

Wieso haben viele Länder im europäischen Ausland so massive Probleme mit Straßentieren und kannst du dir erklären, wieso man auf Mallorca so schlecht mit den Tieren umgeht?
Im Ausland werden Tiere leider immer noch viel zu selten kastriert und vermehren sich unkontrolliert. Dazu kommt, dass auf Mallorca auch Hunde gezüchtet werden, für die es gar nicht genug Abnehmer gibt. Leider sind Hundeleben in südlichen Ländern einfach nicht so viel wert. Ich habe es sogar schon miterlebt, dass Tiere vor dem Urlaub abgegeben wurden und danach direkt der nächste angeschafft wurde. Das ist schon sehr erschreckend.

Wie kann ich Pflegestelle für einen Auslandshund werden?
Entweder ich bewerbe mich direkt als Pflegestelle oder als Pflegestation „mit Option". Vorab führen wir eine Vorkontrolle durch, in der wir klären, ob der Haushalt als Pflegestelle geeignet ist und welcher Hund dorthin passt: Muss der Hund katzenverträglich sein, kommt er mit anderen Hunden klar und wie reagiert er auf Kinder. Ist der Hund in der Pflegestelle angekommen, helfen wir mit der Vermittlung und übernehmen die Tierarztkosten; teilweise auch die Futterkosten. Bei den Pflegestellen mit Option erstellen wir erst nach 14 Tagen eine Annonce. Der Hund ist vorher sozusagen für die Pflegestelle reserviert, die sich den Hund erst mal in Ruhe anschauen kann – meistens bleiben die Hunde dann aber.

„Ein Zuhause für die Hunde zu finden, ist das eine. Man muss aber auch die Ursachen vor Ort bekämpfen."

Lisa Hezinger

Was macht man, wenn man einen traumatisierten, problematischen Hund hat und sich die Probleme erst später zeigen?
Wir helfen unseren Pflegestellen bei Problemen mit Hundetrainern und Hundepsychologen. Manchmal helfen schon ein paar homöopathische Mittel gegen Angst.

Was kann man tun um das Elend der Straßenhunde langfristig zu stoppen?
Wir versuchen, Hunde nicht nur weiterzuvermitteln, sondern auch die Ursachen vor Ort zu bekämpfen, zum Beispiel mit Kastrationsaktionen, mit denen wir die unkontrollierte Vermehrung eindämmen, mit Aufklärungsaktionen und Pressearbeit. Man sieht tatsächlich schon Verbesserungen – ich habe das Gefühl, dass die Spanier immer mehr für den Tierschutz sensibilisiert werden.

Service

Wer einen Hund hat, hat ganz viel Freude – aber auch einige Pflichten. Diese sollten Hamburger Hundebesitzer kennen

Rechte, Pflichten, Prüfungen

Was Hundehalter in Hamburg wissen sollten

Wer in Hamburg einen Hund hält, muss sich an einige Regeln des Zusammenlebens halten – diese basieren auf dem Hundegesetz und der Durchführungsverordnung zum Hundegesetz

Mikrochippflicht

Ein Hund ist in die Familie eingezogen? Als Erstes ist man dazu verpflichtet, dem neuen Familienmitglied einen Mikrochip einsetzen zu lassen. Idealerweise geschieht das bereits im Welpenalter. Der Chip ist eine fälschungssichere Kennzeichnung des Hundes, der wie ein Personalausweis Auskunft über alle relevanten Daten des Tieres gibt. Mittels einer Einwegspritze wird er dem Hund in die linke Halshälfte eingepflanzt und ist so lange inaktiv, bis er von einem speziellen Lesegerät aktiviert wird. Nach Einsatz wird der Chip registriert und dem Besitzer mit einer zwölfstelligen Nummer zugewiesen.
Falls der Hund einmal verloren geht, kann er anhand des Chips wiedererkannt werden. Er hält ein Leben lang.

Haftpflichtversicherung

In Hamburg ebenfalls Pflicht ist die Anmeldung zur Hundehaftpflichtversicherung mit einer Mindestversicherungssumme von einer Million Euro. Hier lohnt sich ein Tarifvergleich, da zwischen den Beträgen für die Hundehaftpflichtversicherung mitunter mehrere hundert Euro im Jahr liegen können.
Sobald eine Haftpflichtversicherung abgeschlossen und der Hund gechipt wurde, steht die Anmeldung beim Hunderegister an.

Anmeldung beim Hunderegister

Die Anmeldung beim Hunderegister erfolgt in den Kundenzentren der Bezirksämter, im zuständigen Verbraucherschutzamt, auf dem Serviceportal der Stadt Hamburg unter www.gateway.hamburg.de oder bei einem anerkannten Sachverständigen.
Sie muss innerhalb der ersten zwei Wochen erfolgen, in denen der Hund aufgenommen wurde und ist zugleich die Anmeldung zur Hundesteuer.
Formulare zur Anmeldung sowie Anträge auf Erlass gibt es beim Finanzamt für Verkehrsteuern und Grundbesitz. Die Hundesteuer beträgt regulär 90 Euro im Jahr.
Steuerbefreiungen gibt es bei Schwerbehinderung, Ermäßigungen für Hunde, die aus dem Tierheim in der Süderstraße erworben wurden. Diese können auch Empfänger von Sozialleistungen beantragen.
Für Hunde, die nach dem Hundegesetz als gefährlich gelten, beträgt die Steuer 600 Euro im Jahr.

Allgemeine Anleinpflicht und Gehorsamsprüfung

Seit 2007 gilt in Hamburg eine allgemeine Anleinpflicht für Hunde: außerhalb als Hundeauslaufzonen markierter Flächen (Freilaufflächen) sind die Tiere an der Leine zu führen. Wer sich von der Anleinpflicht befreien lassen möchte, muss mit dem Hund eine Gehorsamsprüfung absolvieren. Hier wird nachgewiesen, dass der Hund jederzeit kontrolliert werden kann, er also auf Kommando abrufbar ist und keine Gefahr oder Belästigung für andere darstellt.
Bestandteile der Prüfung sind lockeres an der Leine gehen, Richtungs- und Tempowechsel, Kommandos wie „Sitz, Platz, Steh, Bleib“ und „Komm“. Nach Bestehen bekommt der Besitzer einen Nachweis über die erfolgreiche Teilnahme, der von der Leinenpflicht befreit.
Als gleichwertige Prüfung, die Hunde ebenso von der Anleinpflicht entbindet, gelten Hundeführerscheine und Begleithundprüfungen sowie Jagdeignungs- und Brauchbarkeitsprüfungen, die beim Hundeverband oder in Hundeschulen erworben wurden.
Kann der Hund aus gesundheitlichen Gründen keine Prüfung ablegen, kann alternativ ein Antrag beim Verbraucherschutzamt gestellt werden, dem ein Attest beigelegt werden muss.
Generell gilt die Befreiung von der Anleinpflicht immer nur für die Person, der die Befreiung mit einem bestimmten Hund erteilt worden ist und ist nicht auf andere übertragbar.

Es gibt auch Sonderregelungen

Nicht überall in Hamburg gelten jedoch die allgemeinen Regeln der Anleinpflicht.
Orts- und verhaltensbedingt gibt es zusätzlich noch besondere Pflichten und Mitnahmeverbote. So muss der Hund in Einkaufszentren, Fußgängerzonen, bei Veranstaltungen und an Orten, an denen viele Menschen zusammenkommen sowie im Wald und in Naturschutzgebieten kurz angeleint werden. Das Gleiche gilt für läufige Hündinnen, Hunde, die schon mehr als einmal Menschen oder Tiere verfolgt, länger angebellt oder belästigt haben sowie Hunde, die ihren Haltern nicht zuverlässig gehorchen. Ebenfalls an die kurze Leine gehören Hunde in unmittelbarer Nähe von Schulen, Spielplätzen, Kinder- oder Jugendeinrichtungen. In Grün- und Erholungsanlagen wie Parks, Kleingartengebieten, auf Wanderwegen und Zeltplätzen gelten diese besonderen Regeln auch: Der Hund muss an die kurze Leine.
Auf Spielplätze, Rasenflächen, Wiesenflächen und in Blumengärten darf der Hund überhaupt nicht mitgenommen werden. Ausnahme: ausgewiesene Hundeauslaufflächen, auch wenn sie in solchen Gebieten liegen.
Nicht erlaubt sind Hunde auch auf Hamburger Wochenmärkten, großen Volksfesten wie dem Hamburger Dom oder dem Hafengeburtstag sowie in besonders gekennzeichneten Gebieten.
Immer Schilder vor Ort beachten!

Gefährliche Hunde und Listenhunde

„Es gibt keine Kampfhunde!“ – dieser Satz fällt fast immer, wenn es um sogenannte Listenhunde geht, die in Hamburg als „gefährlich“ gelten. Fakt ist: Es gibt Hunderassen, die in der Vergangenheit für Kämpfe gezüchtet wurden, ähnlich wie Jagdhunde für die Jagd oder Hütehunde zum Hüten. Häufig wurden hier Bulldoggen eingesetzt, in die Terrier eingekreuzt wurden. Ihre Nachfahren gelten in Hamburg heute als „gefährliche Hunde“, auch wenn sie völlig aggressionsfrei und nicht per se „gefährlich“ sind.

Wie sich ein Hund verhält, liegt allerdings größtenteils an seiner Erziehung – also am Halter – und nicht an seinen Genen. Zu den gefährlichen Hunden zählen neben individuell auffällig gewordenen Tieren die Rassen American Pitbull Terrier, American Staffordshire Terrier, Staffordshire Bullterrier und Bullterrier. Auch Mischlinge mit diesen Rassen gelten als gefährlich und können von den Vorschriften für gefährliche Hunde nicht freigestellt werden. Ebenfalls Listenhunde sind Bullmastiff, Dogo Argentino, Dogue de Bordeaux, Fila Brasileiro, Kangal, Kaukasischer Owtscharka, Mastiff, Mastin Español, Mastino Napoletano, Rottweiler, Tosa Inu und entsprechende Mischlinge. Bestehen diese Hunderassen einen Wesenstest, können sie von den Vorschriften für gefährliche Hunde allerdings freigestellt werden.

Hundekontrolldienst

In Hamburg gibt es einen Hundekontrolldienst, der die Einhaltung des Hundegesetzes beaufsichtigt und bei Gefährdungen von Mensch und Tier eingeschaltet wird.
Er ist zudem zuständig für die Meldung von gefährlichen oder herrenlosen Hunden. Telefonisch ist der Hundekontrolldienst nicht erreichbar, man kann aber eine Nachricht hinterlassen oder eine E-Mail schreiben.

Was passiert, wenn der Hund stirbt?

Ein Hundeleben lang verdrängen wir, dass der gefürchtete Tag irgendwann kommt, an dem der Hund stirbt. Für ihre Menschen ist der Verlust des geliebten Familienmitglieds ein schwerer Schicksalsschlag

Den eigenen Hund einschläfern zu lassen, ist eine schwere Entscheidung. Natürlich wird sein Tod eine schmerzliche Lücke hinterlassen – es sollte allerdings immer bedacht werden, dass ein Leben mit starken Schmerzen möglicherweise auch nicht unbedingt lebenswert ist.

Hunde dürfen im eigenen Garten beerdigt werden, sofern dieser nicht in einem Wasserschutzgebiet oder in der Nähe von öffentlich zugänglichen Parkgeländen und Wegen liegt. Die Grube muss mindestens 50 Zentimeter tief sein. Gegen eine Gebühr können verstorbene Hunde auch bei den meisten Tierärzten gelassen werden. Von dort aus werden die Körper in eine öffentliche Beseitigungsanlage für Tierkadaver gebracht.
Die Einäscherung erfolgt einzeln oder gemeinsam mit anderen Hunden. Bei der Einzeleinäscherung erhält der Halter eine Urne, die mit nach Hause genommen werden kann. Diese kann auf einem Tierfriedhof oder auch im eigenen Garten beigesetzt werden.

Mit der Trauer umgehen

Nach der langen und schönen Zeit, die sie mit ihren Menschen verbracht haben, sind Hunde echte Familienmitglieder. Da ist es nur verständlich, dass man viel Zeit braucht, um den Schicksalsschlag zu verarbeiten.
Gleichgesinnte suchen: Den Schmerz zu verdrängen, ist keine gute Idee. Gespräche mit Freunden helfen dabei, den Weg aus der Trauer zu finden.
Abschied nehmen: Auf dem- Friedhof, im Krematorium, bei einer Beerdigung im Garten – es gibt verschiedene Wege, dem

toten Hund seine letzte Ehre zu erweisen. Jeder sollte für sich entscheiden, was er für angemessen und hilfreich hält.
Sich Zeit lassen: Es ist normal, dass Trauer andauert. Wenig mitfühlende Kommentare sollten dabei nicht verunsichern. Auch die Frage nach einem neuen Hund muss vorerst nicht beantwortet werden – Hundebesitzer ist und bleibt man ohnehin: Der verstorbene Hund lebt schließlich für immer in unserem Herzen weiter.

Was passiert, wenn ich krank werde?

Wer sich einen Hund anschafft, möchte sich natürlich uneingeschränkt um ihn kümmern.
Was für Möglichkeiten gibt es jedoch, wenn man schwer erkrankt oder sogar vor dem Hund stirbt?

Wer einen Hund hat und ernsthaft erkrankt, kann Tierschutzorganisationen, Tierheime oder den Tierarzt um Hilfe bitten – häufig können diese den Kontakt zu anderen Hundeliebhabern vermitteln. Auch per Aushang oder über soziale Netzwerke werden oft Lösungen gefunden.

Hunde und Senioren

Für die meisten Senioren sind Hunde echte Partner - die Vierbeiner schenken ihnen Liebe, leisten Gesellschaft und halten fit. Es ist erwiesen, dass ältere Menschen mit Hund deutlich aktiver sind, mehr Kontakte haben, intensiver am Zeitgeschehen teilnehmen und öfter nach draußen gehen. Nicht jeder Hund ist aber für ältere Menschen geeignet! Welpen können das Leben speziell in den ersten Wochen ganz schön anstrengend machen – so müssen ihre Besitzer zum Beispiel rund um die Uhr bereit sein, mit ihnen Gassi zu gehen.
Sollten Senioren sich einen Hund anschaffen wollen, kann es daher eine gute Idee sein, sich für eine „graue Schnauze", ein älteres Tier, zu entscheiden. Wer sich einen Hund zulegt, muss auch an die Zukunft denken. So sollten sich betagte Menschen auch überlegen, was aus dem Hund wird, wenn zum Beispiel ein längerer Krankenhausaufenthalt ansteht. Können zum Beispiel Freunde oder Verwandte einspringen?
Im Seniorenheim sind Hunde häufig kein Problem. Im Gegenteil: Andere Bewohner freuen sich meistens sogar über den tierischen Hausgenossen – zudem erleichtern sie die Kontaktaufnahme.

Wer kann jetzt helfen?

➜ Gibt es Freunde oder Familienmitglieder, die sich um den Hund kümmern können?

➜ Tierärzte oder Hundetrainer haben oft Kontakte zu Menschen, die dem Hund gern ein Zuhause (auf Zeit) geben würden

➜ Tierschutzorganisationen oder Tierheime können in Notfällen Lösungen anbieten. Auch sie bemühen sich um eine Weitervermittlung

➜ Auf sozialen Medien wie Facebook gibt es spezielle Profile für Hunde, die in einer Notsituation stecken

INDEX

Tipps über Tipps – hier unsere Empfehlungen, nach Kategorien geordnet

UNTERWEGS

PARKS

AM WASSER

GEMEINSAM AKTIV

TELLER+NAPF

GESUNDHEIT

BETREUUNG

HUNDESCHULEN

GASSISERVICE

TAGES-/URLAUBSBETREUUNG

BEAUTY

HUNDEFRISEURE

TIERFOTOGRAFEN

SHOPPING

ONLINE SHOPS

SHOPS IN HAMBURG

ORGANISATIONEN

Dankeschön für die tollen Tipps!

Valérie mit Timmy

Julia mit Wesley

Catherine, Karsten mit Beka
@vanmuppen

Inga mit Irma
@hacki.irma.love

Vanessa mit Fiete

Jenny mit Fritzi
@fraeulein__fritzi

Kathrin, Mathias mit Lou
@zwergpu_lou

Kristin, Michi mit Bibi
@bibihoneybee

Nina mit Rudi

Kyra mit Lotte
@lotte_the_ridgeback_girl

Inken mit Tessa

Karina mit Nalinski
@nalinski_lab

Marie mit Frida

Mario mit Lina
@mario.to.go

Philipp mit Tucker
@lord.tucker

Simone mit Monty und Leila
@monty_barks

Olaf mit Scotty

Liza mit Kalle

Julia, Martin mit Rumo
@grauschnute

Olly, Stef mit Max aka Digger
@maxakadigger

BILDNACHWEISE

Robert Grischek 5, 12, 13, 14, 15, 16, 17, 22, 24, 30, 31, 32, 33, 35, 44, 45, 46, 47, 69, 72, 73, 74, 75, 94, 95, 96, 97, 104, 105, 106, 107, 120, 121, 122, 123, 131, 138, 139, 140, 141, 142, 143, 156, 157, 158, 159, 167, 179; Herrchen kocht 5, 60, 61, 62, 63; iStock/TopVectors 6, 7, 8, 9, 170, 171, 172, 173; Adobe Stock/alexei_tm 10; Unsplash/claudio-schwarz-purzlbaum 18; Marlies Niedermaier 19, 21, 114, 116; Adobe Stock/Elke Hötzel 20; Pixabay/KarstenBergmann 24; Adobe Stock/macgyverhh 26; Adobe Stock/everydoghasastory 27; Lena Albrecht 28; Pixabay/DanielBrachlow 36; Pixabay/PixelwunderByRebecca 37; Unsplash/tim-mossholder 38; Melanie Knies-Wepler 40, 41; iStock/Zakharova_Natalia 42; Unsplash/james-barker 49; Café Paris 50; Elbgold 51; Felix Amsel 52; the gourmet apron 53; Lühmanns/Silva 54; Mutterland 56; Katharina Görke 58; Pexels/freestocks.org 59; iStock/Guzaliia Filimonova 64, 65; Britt Bachmayer-Ernst 66; Unsplash/irina 71; iStock/vadimguzhva 76; Unsplash/lydia-torrey 79; Unsplash/cesar-cardoso 80; Pixabay/ulrike mai 81; engel+gielen 86; Pexels/Valeria Boltneva 87; Unsplash/drew-hays 91; Adobe Stock/kazantsevaov 92; iStock/K_Thalhofer 99; Valérie Lehnhoff 101; Daily Dogs 102, 109, 146; Unsplash/nordwood-themes 113; Adobe Stock/bnenin 117; iStock/Sonja Rachbauer 118, 134; Fellbude Hamburg 124; Unsplash/lui-peng 126; Shutterstock/Lucia Romero 127; Unsplash/autri-taheri 128; Waschsalon für alle Felle 129; Laura Truszkowski 130; Pexels/Daria Shevtsova 132; Adobe Stock/nazarovsergey 136; Dogs in the City 144; Lieblingspfote 145; Interquell 147; Hamburger Hund 148; V.I.Pets 149; Pet Shop Boyz 150, 152; iStock/ gunnerl 154; Unsplash/mikhail-vasilyev 161; Unsplash/baptist-standaert 162; Pet Angels 164; Adobe Stock/Soloviova Liudmyla 168; iStock/Rattankun Thongbun 174; Adobe Stock/aerogondo 182